透明性

Transparency

（译注版）

[美] 柯林·罗
罗伯特·斯拉茨基 著

金秋野
王又佳 译

中国建筑工业出版社

著作权合同登记图字：01-2005-5897号
图书在版编目（CIP）数据

透明性：译注版 /（美）柯林·罗，（美）罗伯特·斯拉茨基著；金秋野，王又佳译．—北京：中国建筑工业出版社，2022.11（2024.11 重印）
书名原文：Transparency
ISBN 978-7-112-28039-1

Ⅰ.①透… Ⅱ.①柯… ②罗… ③金… ④王… Ⅲ.①建筑学—文集 Ⅳ.①TU-53

中国版本图书馆CIP数据核字（2022）第177920号

Transparency / Colin Rowe, Robert Slutzky

责任编辑：孙书妍　戚琳琳
责任校对：孙　莹

透明性
Transparency
（译注版）
［美］柯林·罗　罗伯特·斯拉茨基　著
金秋野　王又佳　译
*
中国建筑工业出版社出版、发行（北京海淀三里河路9号）
各地新华书店、建筑书店经销
北京海视强森文化传媒有限公司制版
北京中科印刷有限公司印刷
*
开本：787毫米×960毫米　1/16　印张：10¾　字数：167千字
2023年1月第一版　2024年11月第二次印刷
定价：45.00元
ISBN 978-7-112-28039-1
（39855）

目录

黄居正

中文译注版序言

外文著作的中译本，尤其是一些理论著作，在常人的阅读经验中，常常留下艰涩难懂，甚至不知所云、如坠云雾之中的不快记忆。难懂当然有各种原因，比如对理论背后历史情景的陌生、不谙概念术语中指涉的文化语境，以及对不同语言表达差异的隔膜。

柯林·罗和罗伯特·斯拉茨基合作撰写的《透明性》是研究现代建筑的经典文献，在西方学界誉词颇丰，2008年，此书由金秋野、王又佳迻译并付梓刊行。数月前,《建筑学报》约请了包括金老师在内的十余位学者，每人自选一本书，撰写一篇深度学术书评，以养成学界批判性阅读的读书风气。不出所料，金老师选择了十年前译出的这本《透明性》，我暗自期待，通过金老师的书评，帮助我消除阅读此书时所碰到的种种难解之惑。

然而，出乎意料的，金老师给了我一个远超期待的惊喜。为了写作学术书评，在繁忙的教学之余，金老师居然重译了书内的“透明性”一文，且对几个提纲挈领的重要概念术语，以及三十余处词句，作了调整和改译，较之2008年版的译文更为精准，亦更为易懂。不胜感佩的是，重译的同时，金老师把文章掰开揉碎，按段落大意、段落作用和理解要点，作了详尽的释读，抉发出作者草蛇灰线、隐于不言的写作技巧和绵密精巧、细入无间的论文结构。尤其在字数远超原文和译文的译注中，面对不熟悉艺术史的中文读者，金老师以体贴的语言，让我们通过一个个个案的铺陈描述，最终抵达深奥的理论概念背后作者真正的写作意图。

假如您之前读过《透明性》，却与我一样茫然不知所云；或者竟望而却步于“字面的透明性”与“现象的透明性”等艰涩的概念术语，那么，不妨闲暇之余，读一读金老师的译注版，定会有云开见日之感。

2022 年 6 月

伯纳德·霍伊斯里

德文版序言

1955 年春天，柯林·罗(Colin Rowe)着手构思一部关于透明性(transparency)概念的著作；作为一名建筑师，他曾师从建筑史学家鲁道夫·维特科尔(Rudolf Wittkower)。同柯林·罗一起构思这本书的人叫做罗伯特·斯拉茨基（Robert Slutzky)，他是一名画家，也是约瑟夫·阿尔伯斯（Josef Albers)的门徒。那时候两个人都在得克萨斯大学奥斯汀分校任教；罗伯特·斯拉茨基负责绘画和色彩设计课程，而柯林·罗是建筑设计课程的教授。同年秋天，他们的第一篇论文发表；到了冬天，他们完成了第二篇论文，内容是第一篇的延续。1956 年春天，他们完成了这一研究课题第三部分的大纲。

种种干扰之下［例如，《建筑评论》(*Architecture Review*) 愿意接受这篇文章，前提是作者必须删去关于格罗皮乌斯的部分内容］，第二篇论文的发表推迟了。最后，该文章经少许删节之后终于发表在耶鲁大学的建筑刊物《Perspecta》第 8 卷上，冠以“透明性：字面的与现象的”的标题。

这篇文章的重要意义体现在三个方面：首先，它展示了一种在 20 世纪建筑学研究中非常罕见的冷静而精准的实证主义技巧。其次，超过半个世纪以来，建筑领域之内的设计师和批评家都目睹了建筑学令人瞠目的发展变革，在这一始终未曾中止的过程中，先锋派事实上促成了几乎所有新生事物的生发。但是，很少有人努力探幽发微，从大量现存的设计方案中间，摒除个别作品的特殊性和个人化的成分，直接提炼出可移植的、可评估的见解和方法。这正是柯林·罗和罗伯特·斯拉茨基的著作的基本价值所在；这本书通过大量实例证明，即便是艰深的理论发现，也可经由经验事实获得。这是一个颇具时代意义的话题。最后，柯林·罗和罗伯特·斯拉茨基精心建构了“建筑透明性”的概念，由此为我们开启了清晰区分复杂和简单的可能性之门，对于当前的境况，这无异于雪中送炭。而且，它的适用性广泛，允许多层次地解读。

鉴于以上原因，我把《透明性》这本书翻译出来，并作出了相应的评价。我的翻译所依据的版本是《Perspecta》杂志第 8 卷上的那一篇。这一版本中的遣词用字同 1955 年原版文章的某些地方有重大的出入，我通过注脚把它们一一标示出来。在此感谢罗伯特·斯拉茨基为我提供了文章最初的版本。我也要感谢《Perspecta》杂志的编辑，他们授权我重新印发这篇文章。

此文如今刊载在苏黎世联邦理工学院建筑历史与理论研究所（History and Theory of Architecture of the ETH）《勒·柯布西耶研究专号》第一册上面。之所以如此，是因为柯林·罗和罗伯特·斯拉茨基所提出的这一透明性概念，通过勒·柯布西耶的两个杰出作品得到证明—— 一为实际工程，一为假想方案。也正是因为这一概念的提出，勒·柯布西耶建筑作品中某种独特的品质才得以澄清，除此之外别无他途。

1968 年

沃纳 ·奥希思林

“透明性”：探寻与现代建筑原则相匹配的可靠设计方法 *

1968 年 3 月 12 日，罗伯特·斯拉茨基从纽约写信给伯纳德·霍伊斯里（Bernhard Hoesli），就他对“透明性”文本的起源和发展的疑问解释道 ：“首先，请允许我就您对‘透明性’一文所付出的巨大努力再次表示诚挚谢意。很难想象在大洋彼岸存在这样一场关于透明性的讨论，尤其是当‘字面的’透明主义者占据绝对统治地位的今天……”[1]这句话开宗明义，直接引出了悬而未决的关于“透明性”的话题，那是柯林 · 罗和罗伯特 · 斯拉茨基共同署名的同名文章中所提出的概念。尽管霍伊斯里和他所供职的苏黎世联邦理工学院（ETH）建筑历史与理论研究所（gta）已经着手将此篇文章首次以书籍形式（名为“Transparenz”）印行为计划中《勒·柯布西耶研究专号》的第一册，斯拉茨基本人却对这本书的来由也说不出个所以然来。[2]而且，他还暗示道，“透明”的建筑在世界上并非稀缺，《透明性》的作者们假如偏要坚持说是那种“隐喻”的透明性（这也是他们对透明的自我认识），而不是那种远为实际的、字面的透明性更能成为“现代”（modern）的同义语，他们实际上是在自欺欺人。[3]他们寄望于欧洲同仁，将其先前的观点发扬光大。无独有偶，欧洲方面也表达了同样的意思。不管怎样，时值 1968 年，当霍伊斯里筹备将论文第一部分德文版付梓之际，曾在 20 世纪 50 年代中期被大家寄予厚望的观点已成明日黄花。今天，那一段建筑学公案、尚未成熟便凋谢的观点，已经成为历史的一部分。正如亚历山大·卡拉贡（Alexander Caragonne）所言，它参与了历史的重建。

* 这段文字本来是为了法文版的《透明性》所作（参见柯林 · 罗和罗伯特 · 斯拉茨基，Transparence，réelle et virtuelle，Paris ：Editions du Demi-Cercle，1992，pp. 7ff.）。此后，关于这篇文章发展历程的一篇综述被亚历山大 · 卡拉贡收入他的新书《得州游侠 ——1951 ~ 1958 年得克萨斯大学建筑学院课程简史》（*Texas Rangers. A Short History of a Teaching Program at the University of Texas College of Architecture*，Cambridge，Mass. ：MIT Press，1993）中。

在他所撰写的《得州游侠——1951 ~ 1958 年得克萨斯大学建筑学院课程简史》中[4]，卡拉贡将发生在 1951 ~ 1958 年的这段意外中断的建筑学辩论同得州游侠（Texas Rangers）作关联解读。他通过提出假设而组织这篇文章："假如……的话，事情本该……"[5]并且，在结束语处，卡拉贡引用了曾经身为得州游侠一分子的约翰·海杜克（John Hejduk）的话，后者在 1981 年谈到这段插曲，把那富有实验精神的起点和平庸的终点之间的转变过程视为观念的礼崩乐坏："当得克萨斯大学的溪流流到康奈尔大学，它就彻底干涸，成为学院派的代名词了。他们抓住勒·柯布西耶，把他分析得死去活来，榨干最后一滴油水……温暖的得克萨斯州之风遭遇伊萨卡（Ithaca，康奈尔大学所在地——译者注）寒流，就自生自灭了。"[6]但是，这样诗意的描述非但没有使得州游侠的传闻冰释，反而让它更加神秘，引人关注。那段往事一直被迷雾笼罩，直到最近很多文本重现于世，作为直接的理论依据，才使其渐渐面目清晰。

片言只语无以建构往昔，记忆的不足由来已久，这在上述 1968 年的来往信件中表露无遗。可是，从斯拉茨基给伯纳德·霍伊斯里的解释中可以发现，正是他和柯林·罗在 1955 年春天首次完成了"透明性"一文，在接下来的几个月中将其提交给相关刊物，并在同年夏天发表，则是确凿的事实。[7]此后不久，在同年秋冬两季，两位作者不断写出关于"透明性"的文字，并最终构思了完成于第二年春天、未曾发表的末篇。

这还没完。文稿被寄往最重要的若干期刊，均石沉大海。[8]《建筑评论》认为文中对格罗皮乌斯的评价过于苛刻，因而拒绝刊发——大家都认为这是尼古拉斯·佩夫斯纳（Nikolaus Pevsner）在幕后指挥。[9]这次拒稿非但与学术无涉，且离题万里，直到今天还非常令人恼火。[10]文章被束之高阁，直到 1962 年，耶鲁大学同柯林·罗就此事进行联络。"透明性"一文的第一部分于 1963 年发表在《Perspecta》杂志第 8 卷上。[11]这样算来，霍伊斯里着手出版德文版之前，全文只有第一部分曾经印行，而这也将是最后的版本。而且，既然手稿在其编撰过程中有所修订，霍伊斯里决定不仅撰写评论，而且将其附加于后，成为一册"批评版"。[12]仿佛是从一系列版本中发掘真实文本，霍伊斯里将修订版同斯拉茨基寄给他的打字机原始手稿认真核对，用脚注将每一处微小的修改标注出来。[13]

但是在德文版出版之前，另一个版本也在接受审查，与之前的情形类似，这一过程同样经历了漫长的等待。名为“Transparenz”的小册子,作为全新的《勒·柯布西耶研究专号》的第一册，由成立于 1967 年早些时候的苏黎世联邦理工学院建筑历史与理论研究所出版发行。这个系列，霍伊斯里私下里称之为“苏黎世柯布（L-C）研究”（L-C，以及 Corb，在文中均指勒 · 柯布西耶——译者注）。[14] 苏黎世方面为即将到来的勒 · 柯布西耶研究开风气之先，而正是在这样的语境之下——对勒 · 柯布西耶的分析——《透明性》进入了人们的视野，从这个角度得到解读。这项研究以及其他关于勒·柯布西耶的研究和文章是否可以出版正在讨论中。此时，霍伊斯里灵光一闪,在 1968 年 2 月 18 日致研究所所长阿道夫·马克斯·沃格特(Adolf Max Vogt）的信中谈道：“在第一册中，在柯林 · 罗的书稿的翻译之外，我们应该把勒 · 柯布西耶和奥赞方（Ozenfant）的《立体主义之后》（*Après le Cubisme*）重新印行，这本书即便不是勒 · 柯布西耶的第一本理论著述，也是他最早的理论著述之一。勒 · 柯布西耶本人反复引用其中的话，可是这本书本身却鲜为人知，而且早就绝版了。”[15] 在这一问题上，霍伊斯里与柯林 · 罗的观点有所出入，但这种差异起到了多大的作用我们不得而知。可以肯定的是，对霍伊斯里而言，单纯对历史事实的分析远远不够；相反，正如他在其后撰写的评论，特别是补记中所言，这一努力的结果对设计方法的助益非常重要，这与他在得克萨斯大学未完成的教育事业息息相关。这样，将《透明性》与《立体主义之后》联合印行的提议背后，就隐含着这样的推断：“同样的结合也存在于研究所事业精神当中：建立在事实基础上的细心研究；柯林 · 罗的文章始于绘画而结于建筑，将会是早期信条在 20 世纪中叶的回响。在整体中让这两方面直接对峙是我们的理论贡献，这绝不仅仅是出版和翻译那么简单。”[16]

毫无疑问，对于此时的霍伊斯里来说，得克萨斯大学的实验早已是一鳞半爪的记忆。从 1960 年 4 月 1 日开始在苏黎世联邦理工学院执教以来，他只是偶尔回到美国，最后一次是在 1967 年到康奈尔大学作客座教授。这一年中，他与日后在苏黎世联邦理工学院的同事和搭档弗朗茨 · 奥斯瓦尔德（Franz Oswald）通信，讨论美国大学建筑教育的当前情势和后续发展；他也同先前在得克萨斯大学奥斯汀分校的旧友保持联络，他们将事情最新的进展通告于他。正是通过这一途径，霍

伊斯里在约翰 · 海杜克那里得知“透明性”的概念无疑有其优越之处 ：“人们开始认识到它的价值了”。[17] 当时，奥斯瓦尔德本人正在研究如何将得州游侠的理论模型应用于课程实践。尽管康奈尔大学对他的课程不屑一顾，但当他得知霍伊斯里准备出版《透明性》一书仍非常兴奋，并给霍伊斯里寄去一份列满了名词术语的表格，对霍伊斯里的工作提供了极大帮助。[18] 至此，1968 年版本的《透明性》就被定位于“贡献于发掘立体主义美学无尽的可能性”和“解释这一概念的相关性和适用范畴”方面。[19] 与奥斯瓦尔德的通信，清楚地表明霍伊斯里对《透明性》所寄予的厚望与得州游侠先前的努力密不可分，都是希望阐释和发扬一种设计方法论。纵观霍伊斯里在苏黎世联邦理工学院的工作以及他日后的事业，都充分印证了这一点。

1968 年 3 月 19 日，斯拉茨基在给霍伊斯里的电报中说 ：“鉴于缺少对晚近出版物的考虑，第二篇文章需要修改。”[20] 由于建筑历史与理论研究所研究专辑的出版迫在眉睫，将柯林 · 罗和罗伯特 · 斯拉茨基的《透明性》第二部分列入其中已无可能。被取消的部分首次发表，已经是在 1973 年《Perspecta》第 13/14 卷上。[21] 但是，当柯林 · 罗在 1976 年编撰自己的文集时没有将其收录在内，而建筑历史与理论研究所此后的任何出版物中也没有它的身影。之所以如此，是因为霍伊斯里在他 1968 年的评论文章中已经引用了第二篇文章中的案例，例如米开朗琪罗（Michelangelo）的圣洛伦佐（San Lorenzo）教堂立面。[22]《透明性》的历史充满了偶然和意外，与它的名称相反，这一过程表现出种种成色，而恰恰不是透明的。有太多期待伴随着这部著作，令它不堪重负。种种事实表明，《透明性》并不只是得州游侠实验的代名词，正如霍伊斯里自己所意识到的那样。

很显然，得克萨斯大学建筑学院的教育实验，与柯林 · 罗和罗伯特 · 斯拉茨基在《透明性》中所传达的观点并不能贴切吻合，至少人们从霍伊斯里的字里行间可以读到这一层意思。但是，对于从事建筑教育事业的霍伊斯里来说，这一实验却具有决定性的意义。他在 1951 ~ 1956 年所积累的经验和知识被完整带入日后他在苏黎世联邦理工学院的事业。1956 年之后，得州游侠在短暂的共同奋斗后分道扬镳。他对于学习天性的深刻洞察——与科研不同——是建筑思维属于理智活动的明证。深入这种思维活动的核心、抽丝剥茧，以期发现可靠的方法，是他最终极的职业目标，尽管这一点未曾清晰地表达出来。与阿尔伯蒂（Alberti）等不同[23]，霍伊斯里解决问题的方式并非建立在对理论模型理性分析的基础上。通过对现代主义建筑实例（特别是勒·柯布西耶的作品）进行推敲，他力求通过经验主义的方式达到一种系统认识。[24]正如霍伊斯里在得克萨斯大学的笔记中所说，他让学生们从事实践练习，例如，让学生完成“三维关系图表”，接着以一篇作文来回答“什么是建筑设计”之类的问题。[25]

通过这个过程，学生们对各自的设计方法加以检验，免得他们结束于任何确定性或终极的观念。课程的重点，在于课程训练本身的实验性质。

在一份1954年3月由柯林·罗和霍伊斯里发给时任建筑学院院长哈维尔·汉密尔顿·哈里斯（Harwell Hamilton Harris）的内部备忘录中，二人指出建筑学课程的内在理性需求，呼吁“特定原则”和“基本知识”。[26]他们把这样的要求视作基石和指针，而它们也的确成为得州游侠教育课程的基本方针和中心原则。这一课程对外公示的目标之一，是对赖特、勒·柯布西耶、密斯等人所确立的现代建筑“常识系统”进行批判性评估。在确认了“他们是否依据自觉的知识来确定形式”的问题之后，柯林·罗和霍伊斯里给自己设定挑战：“高等教育的职责之一，是使知识成为自觉。”[27]这一说法既精到又具有普遍意义，因为它为如何达到“自觉”的境界预留了充分的可能性。彼得·埃森曼（Peter Eisenman）在一篇关于美国建筑杂志的综述中引用潘诺夫斯基（Panofsky）的话引出自己的思考：“理论，如果不是得自经验原则之门，则如同穿过烟囱、掀翻桌椅的幽灵；与此相似，历史，如果不是得自理论原则之门，则如同涌入地下室的鼠群，让房屋摇摇欲坠。此言真实不虚。”埃森曼以此说明“透明性”的概念仍有待探索。理论与实践之间的这种此消彼长的永恒关系在得克萨斯大学的建筑课程中也同样发生作用。

但在得克萨斯大学奥斯汀分校，某种诗意的创新颇受欢迎，这是年轻一代的特权，他们不但容许自己偏执，并且从中获益。如果矫饰的流俗受到攻击——例如格罗皮乌斯的名声——或者进步思想家被无端忽视，他们才不在乎。今天，假如我们希望从现在的观点重新评估那一段历史，就必须正视这一点。相对于《透明性》而言，希格弗莱德·吉迪恩（Sigfried Giedion）对德绍包豪斯与巴勃罗·毕加索（Pablo Picasso）的名画《阿莱城的姑娘》（Arlésienne）所进行的比较已经成为著名的案例。由是观之，吉迪恩对于这个题目一定已经给予了长久的、深入的思考。在直到 1962 年才出版的《艺术的开端》（*The Beginnings of Art*）一书中，他把透明性、抽象性和象征看作艺术的根源，不仅史前艺术如此，现代艺术亦复如此。[28] 但是，早在 1944 年，在为戈尔杰 · 凯普斯（Gyorgy Kepes）的《视觉语言》（*Language of Vision*）所作的前言中，他极力赞同戈尔杰 · 凯普斯的期望，即："把初步的要求用具体词汇来表达，并放在更广泛的社会范畴中考量"（这与后来得州游侠的目标多么吻合），同时谴责盲目的前卫姿态——"为了变化而变化"。[29] 可是，尽管《透明性》的作者明显从凯普斯、莫霍里 - 纳吉（Moholy-Nagy）和吉迪恩 [也正是他在《空间 · 时间 · 建筑》（*Space，Time and Architecture*）一书中指出现代建筑的主题依赖于绘画] 的启发中得出这一概念及其双重意义，他们旗帜鲜明地选择了那些能够最好地表明他们独特的角度并同他人加以区分的论点。后来，在其德文译本中，霍伊斯里以批判的态度指出，《透明性》一文对吉迪恩的引用实则可有可无，因为吉迪恩的观点对于基本问题的讨论无关宏旨。[30] 另一方面，直到 1989 年，斯拉茨基仍然坚持关于"透明性"的讨论来自吉迪恩的一篇评论，所有的概念和基本范畴都能从中找到根源。[31] 鉴于美国建筑学科学院教育在那时候基本上以包豪斯派占据绝对主流，格罗皮乌斯的德绍包豪斯成为两派争论的牺牲品，以及后来"透明性"的发表几乎因为这个原因胎死腹中，都不难想见。[32]

结果，得州游侠们的职业态度就同哈佛大学的包豪斯派——格罗皮乌斯和马歇尔 · 布劳耶（Marcel Breuer）们背道而驰。假如对两所学院给学生布置的课程设计任务进行比较，这一点将表现得格外突出。哈佛大学的题目包括了材料和前期建设条件，在此基础上要求学生给出个人解答，以期创造一种"视觉多样性"。这一方针，后来被克劳斯 · 赫登格（Klaus Herdeg）指为全无意义，无法在建筑范畴里得出确定的结论。[33] 此说并非毫无道理。假如说哈佛大学方面的态度是从实际出发，综合考虑经济和建造方面的限制因素，最终将设计思维建立在"无法确切定义的心理需求"之上 [34]，那么得州游侠们则恰恰相反，对他们来说，"形式追随形式"。[35] 哈佛系统的建构方针及"形式发现"过程必须以艺术性的形式原则加以猛烈批判。了解到这一点，就可以理解柯林 · 罗和霍伊斯里何以超越了他们在 1954 年备忘录中所提出的既定方针，转向现代建筑的原教旨主义 ：勒 · 柯布西耶的多米诺主题（Domino scheme）和凡·杜伊斯堡（Van Doesburg）在1923年提出的一系列“反构造”（Counter Constructions）。[36] 对此时此刻的柯林·罗和霍伊斯里来说，这些现代主义图景都已经是30多年之前的陈年往事，可是，从那个时候起，几乎很少有什么新观点出现，因为在那些开创性的图解中，几乎所有暗含的意思都被揭示殆尽了。[37]

照此情形，尽管美国有吉迪恩和哈佛大学，得州游侠的出发点显然与欧洲的现代主义运动之间存在着千丝万缕的联系。也许只有在那里、在事情的源头，问题才更容易被揭示并进一步得到解决。据说，霍伊斯里特别喜欢指出，在现代文化熏陶之下成长起来的第一代人如今已经成熟，他们迫切地感觉如果再把现代主义话语当作唯一的信条和规范已经不可忍受。既然不能如此，他们就要系统地、有条不紊地考察它，力求促其改观，以扩大认同和许可的范围。[38] 这样一来，至少客观性（Objectivity）就要被树立为目标。自然，这并不是什么全新观念。风格派（De Stijl）在很久以前就高举客观性的大旗，格罗皮乌斯也曾在1925年写成的《国际建筑》（*International Architecture*）一书中大力宣传“客观有效性”——尽管是出于全然不同的主张。在美国，长久地忽视用以描述和界定现代主义基础的客观实在精神的愿望也势所不能。纽约现代艺术博物馆(MoMA)在这方面具有权威地位，它最早推出了题为“现代建筑”（Modern Architecture）的展览，并于1932年开展了对“国际风格”的宣传。1936年，在一次题为“立体主义与抽象艺术”（Cubism and Abstract Art）的展览中，MoMA提出了一套现代形式起源和发展的谱系，并据此提出，现代建筑是纯粹主义（Purism）、风格派和包豪斯风格的综合体。[39] 但是MoMA很快陷入陈词滥调，为了迎合大众口味，它走得太远，以至于重新翻出了维特鲁威的三原则，即“坚固、实用、美观”来取悦视听。[40] 此情此景，在得州游侠们的眼里自然显得格外暧昧、刺目，无怪乎他们把自己的努力看作一种天经地义的反叛。

然而，正是因为“立体主义与抽象艺术”展览，美国得以取代欧洲成为现代主义的前沿阵地。[41] 用最优秀的宣传水准，纽约展览会的小册子标题为“反差与俯就”（Contrast and Condescension），以两张为1928年科隆香水展览所作的海报来点题：根据目录说明册中的介绍，那时候的盎格鲁美国人“还没有学会欣赏简单和抽象”，故而海报毋宁做得传统再传统。可是如今角色发生了变化，“时代不同了”。[42] 然而，假如这一评价放在 1936 年，或者以后的年代，还能有多少真确的成分呢？

翻阅当时那些远离前卫风潮、不具有前瞻性辞藻的美国出版物，也许更能对当时美国建筑学和建筑教育的真实情形产生客观的了解。西奥多 · K. 罗登伯格（Theodor K. Rohdenberg）在他发表于 1954 年的专著中，描述了哥伦比亚大学建筑学院的发展之路。[43] 他把叙述 1933 ～ 1954 年发展历程的章节命名为“革命与清洗”（Revolution and Clarification）。但是，事情很快变得清楚了，这场革命有其特定疆域，即“反映当代材料和建造方法”，并遵循吉迪恩的相关理论：新空间概念必须以技术进步为前提。[44] 即便是吉迪恩本人也早就对这一理论进行过补充和修正了。在教学思路里，人们仍旧能够看到维特鲁威的三原则：“坚固、实用、美观”。[45] 而另一方面，设计课程中的原创因素则被削弱为无个性、无立场的口号——“三维空间的概念形式”，从而意外地同巴黎美术学院传统搭接到一起。[46] 耶鲁大学的情形也大同小异。1950 年，当约瑟夫·阿尔伯斯（Josef Albers）被任命为院长之时，副教授理查德 · 亚当斯 · 拉思伯恩（Richard Adams Rathbone）出了一本书，对未来建筑的发展自信满满，书名叫做《功能设计导论》（*Introduction to Functional Design*）。20 世纪初，这一类建筑课本多如牛毛，这本书是这一光荣传统的延续；可是，关于“立体主义革命”的内容在这里面是绝对找不到半点踪迹的。[47]

凡此种种，在那个时候，同赫登格对哈佛大学设计研究所（Harvard Graduate School of Design）的尖锐批评一道，成为 20 世纪 50 年代前期美国建筑学教育的缩影。那个时代，引用沃纳 · 塞利格曼（Werner Seligmann）的评论：“到处充斥着双曲面、抛物面和翘曲表面的建筑。”[48] 了解这些，不难看出得州游侠的事业核心在于修正历史错误，将现代建筑形式推回本源，认为它超越了所有的时空限制，并在此基础上提出达到这一认识的具体设计方法。这里面当然包含了历史回顾的必要，这在当今看来非常令人惊奇。同时，这意味着得州游侠们务必将自己的行动和目标同本时代的建筑实践决裂，并重拾上一代现代建筑师们的开创性传统。一座引人注目的博物馆在得克萨斯大学奥斯汀分校建立起来，正是当时那种觉醒、溯源和回归风潮的表现。李特若利（Letarouilly）的著作被搜罗进来，它们当然能够符合最苛刻的图形美学标准。[49] 毫无疑问，从 1951 年米兰三年展“尺度”（Proporzioni）大会以来，关于“模数”（Modular）的大肆鼓吹使人们乐于接受这一观念，而鲁道夫·维特科尔（Rudolf Wittkower）的《人文主义时代的建筑原理》（*Architectural Principles in the Age of Humanism*）为超越时代的建筑评价从宏观几何形式方面开创了全新的、无偏见的视域。[50]

在奥斯汀，人们接收到了时代的信号。旧有的建筑学模式是基于一系列外部条件和社会因素，如今人们厌倦了它。迫切的、来自内心的、形式化的设计需求满足了人们的胃口，再进一步，就要堕入形式主义的深渊。1968 年，霍伊斯里将对这种倾向表达个人的不同看法，而这一年恰逢《透明性》一书付梓，在瑞士和其他地方，时代的钟摆又开始摇向另外一个方向。在阿道夫·马克斯·沃格特寄给霍伊斯里的一封私信中，他检验了建筑师从具体限制条件中“导出形式”的特定能力，并认为它具有相当的优越性，这同当时的潮流大相径庭。[51]

得州游侠的形式主义倾向还有个更令人惊奇的方面，那就是关于“风格”（Style）的态度。当然，“国际式”（the International Style）曾打破了业界保持很久的对“风格”问题的噤声默契，并将现代建筑放逐到同样声名狼藉的风格分类境地。可是，根据沃纳·塞利格曼的说法，这并不是霍伊斯里关于“风格”观点的来源，而是另外一个：马修·诺维茨基（Matthew Nowicki）在 1952 年发表的“现代建筑的起源与流派”（Origins and Trends in Modern Architecture）。[52] 读罢这篇文章，霍伊斯里开始认为现代建筑应该被视作一个均质、自完的现象，也就是“风格”。与此同时，这个概念对他来说也是寻找教育法则的前提。自然，霍伊斯里并没有从学术的角度考察“风格”和“风格”的概念，也就与艺术史中所谓的“风格”概念风马牛不相及。可是从另一个角度来讲，像海因里希·沃尔夫林（Heinrich Wölfflin）的“基本概念”和理论架构，也远远超出了艺术史的范畴，一次又一次地对建筑理论界造成影响。关于“风格”这个词汇的讨论真是一言难尽。艺术史研究早就远离了“基本智性概念的超越性”内涵，至少从现代时代开始，这一点就被忘却了。而且，假如霍伊斯里对艺术史更加了解的话，像“艺术史的发展只是特定问题的逻辑化（或心理化）的个人发展需求”这样的主张本该引起他的兴趣。[53] 可是，他的兴趣肯定不在追本溯源，重新思考艺术史问题。这也说明了为什么在将这些概念转化应用到实践方面时，他不时流露出显而易见的优柔寡断。也正是在这些方面，显示出得州游侠对待现代建筑的态度同史密森夫妇（the Smithsons）这样的建筑家有显著区别，后者将自己限制在教条的表型词汇上（诸如“白色”“立方体”“独立的”）。他们将此观点写进《现代建筑的英雄时代》（*The Heroic Period of Modern Architecture*）一书中，据他们自己声称，此书构思于 1955 ~ 1956 年，正好与得州游侠的活动同时。与此相反，由于得州游侠们是为了教学而思考建筑问题，他们的思想更加本质，也正是在这个意义上适用于更加广泛的领域。

可是，尽管柯林·罗和罗伯特·斯拉茨基的《透明性》自身严格限定在选定的历史样本分析中，霍伊斯里却将一生的时间都奉献给这一课题。这也许是因为他坚持将这场讨论延伸到设计方法论的领域，尽管其中存在诸多暧昧不明之处。对“透明性”一词的隐喻的解释——而不是字面上的意思——从一开始就得到提倡，从而避免了任何陈词滥调的应用。可是完全清除陈词滥调殊非易事。正如斯拉茨基指责吉迪恩对德绍包豪斯和毕加索的《阿莱城的姑娘》的分析为“三段论比较”，对勒·柯布西耶的全新解读——主要是通过立体主义对玻璃的运用来进行的——也带着明显的“决定论者”的气味。[54] 后来，霍伊斯里的一位学生在回忆老师所传授的这一套严格方法时写道：“纪律、推论、坚持和秩序”。他认为这都是抽象的原则。霍伊斯里声称“建筑产品”如今变为“可确定”的[55]，这一说法，一些人理解了，一些人尝试去理解，一些人则产生误解。在为 1969 年版《透明性》撰写评论和补遗之前，霍伊斯里曾在几个不同场合公开阐明自己的观点。1961 年 2 月 4 日，在苏黎世联邦理工学院的就职演说上，他明确反对将现代建筑刻板地解释为“形式追随功能”的产物，并尝试从现代主义建筑 40 年的发展历程中，阐明“形式法则和形式体系”的深层规则和自在发展规律。[56] 到了 1975 年，当他在苏黎世联邦理工学院建筑系宣讲“透明性”主题的时候，“作为形式组织原则的透明性”业已成为他研究课题的重中之重。[57] 早在 1968 年，当他撰写补遗的时候就认识到，这种做法也会导致决定论和教条主义。但是，假如说他倾向于这样一种模式，也是他早年从事教育事业的结果。这一说教的目的，可以从 1957 年他所教授的“透明性”课程中看出端倪。在那里，他提出了一组逻辑序列，包括四个部分：

1．“透明性”的概念 / 定义 /> 主要见诸于绘画。

2．引入建筑学 / 柯林 · 罗和罗伯特 · 斯拉茨基（参见 gta. 第 4 卷）/> 分析柯布西耶的作品。

3．总结 / 霍伊斯里（参见 gta. 第 4 卷）。

4．方法的应用 / 和 / 意义。[58]

霍伊斯里认为能够也理应成为通往普适设计方法之路的主要拥趸。在更加普适的意义上，他反对那种高度个人化和主观的现代建筑，其理由自然是基于完全另类的文化传统。与斯图加特魏森霍夫住宅建筑群（Stuttgart Weiβenhofsiedlung）相比，他更加喜欢苏黎世 Neubühl 住宅开发项目，因为前者显然是一大群明星建筑师非常个人化和自我彰显的艺术拼盘。[59] 这样，每当被人攻击为决定论主义者的时候，他总是跳起来，给予坚决还击。尤利乌斯 · 普森纳（Julius Posener）曾质疑道：“将透明性概念转化为一种普适法则具有潜在的危险。”对此，霍伊斯里给他回信时说：“提升为原则？不，只是组织的手段而已。”[60] 再有一次，是在 1983 年 10 月，在给多尔夫 · 申耐伯里（Dolf Schnebli）的信中，霍伊斯里谈到整个这件事让他备感不快：“（……同时它已经严重地困扰着我）凭什么妄下断语，说这套知识只是一种‘有用的工具’；如何才能将智识和艺术的工具清晰地表述出来。”[61]

穷其一生，霍伊斯里实践着得州游侠的许诺，触摸到建筑学教育的实践性核心。这种事业上的连贯性，在他的美国同事那里无从实现。早在 1947 年，柯林·罗曾经写过一篇有名的文章，名叫“理想别墅中的数学”（The Mathematics of the Ideal Villa），依系统的建筑学概念分析了帕拉第奥（Palladio）和勒·柯布西耶的作品，他称这一过程为“对武断接受的主题的逻辑重组”。但接着，经历了奥斯汀时期的磨练，他重新出发，提出了“意义”和“文脉”——预示着后来的“拼贴城市”（Collage City），顺带嘲笑了那些“新理性主义者”，那些牢牢抓住未来建筑的可预测概念的人。[62] 尽管在 1956 年之后得克萨斯大学奥斯汀分校的师生重聚于康奈尔校园，得州游侠的实验已经势难重现，这一点大家都心知肚明。不久，海杜克就在纽约库柏联盟（Cooper Union）组建了他的教育体系。有本书记载着海杜克在

1972 ~ 1985 年的活动，书名永不过时，叫做《一位建筑师的教育》（*Education of an Architect*），得州游侠的精神在诗性的层面上得以再生。海杜克曾经描写过发出幽幽光线的树干被昆虫褪去的外壳覆盖："当移目于这些幻影，我们听到头顶树冠上一片虫唱，来自脱胎换骨的昆虫。"[63]

可是，假如没有得州游侠的建筑实验，"纽约五人组"（New York Five）的建筑理念难道能够横空出世吗？即便不承认从皮特·蒙德里安（Piet Mondrian）的绘画到勒·柯布西耶的加歇别墅（Garches）的相关性是寻求建筑学创新之路的形式探索的起点，人们亦无法否认存在于现代建筑话语中的一种连续不断的东西。柯林·罗为《五位建筑师》（*Five Architects*）撰写的序言以及后面补充说明的部分与这个结论并无矛盾，只是，在这里他声讨了解现代建筑问题的"理性"倾向，并对所有可能的选项进行质疑，给它们贴上大大的问号——这些选项将建筑问题视为自身需求的逻辑结果，却最终演变为一些自闭的、神谕的条条框框，真是具有讽刺意味。[64] 另一方面，参加了 1969 年纽约现代艺术博物馆"建筑师环境研究组"（CASE Group）会议（后来，正是他们出版了《五位建筑师》一书）的肯尼思·弗兰姆普敦（Kenneth Frampton），在 1972 年曾谈道：就时下年轻一代建筑师而言，对勒·柯布西耶的一般关注远不如对柯林·罗和罗伯特·斯拉茨基"透明性"文章的热情来得重要，后者才是"直接的批判信号"。[65] 得州游侠的声名鹊起、对美国建筑界的影响和它的戛然而止，也造成了类似的效果。可是，假如没有这一层背景，对海杜克和埃森曼的新观点和实践以及二人在失去理论方向的建筑思潮中的智识教化效果，就无从理解了。

在所有这些潮流之中，除了深具欧洲血统的库柏联盟之外，大都丢失了某样东西，那就是在设计教学中对意义的反复强调。而霍伊斯里此前在大洋两岸所坚持的，恰恰就是这个。海杜克最近接受一次访谈，当被问及"你如何教授建筑学知识"的时候，他回答道："渗透，慢慢地渗透。"[66] 在这样的阐述中间，我们深深感到，建立于现代建筑原则之上、曾经滋养了一套系统的建筑教育方针的传统已经接近尾声。时光飞逝！在 1983 年 9 月 26 日海杜克致霍伊斯里的信中，他自称被后者生动的得克萨斯大学回忆所打动，并写道："……在过去的 30 年中，得克萨斯大学确实影响了建筑教育和建筑自身。你们的事业对建筑学而言热情似火、言微旨远。"[67]

1 伯纳德·霍伊斯里致信罗伯特·斯拉茨基，1968年3月5日；罗伯特·斯拉茨基给伯纳德·霍伊斯里回信，1968年3月12日。霍伊斯里档案，苏黎世联邦理工学院建筑历史与理论研究所。

2 参见柯林·罗和罗伯特·斯拉茨基，瑞士版《透明性》(*Transparenz*)，Kommentar von Bernhard Hoesli.《勒·柯布西耶研究专号》第1期（苏黎世联邦理工学院建筑历史与理论研究所系列丛书，第4卷，巴塞尔／斯图加特，1968年第一次印刷，1974年第二次印刷。第二次印刷对第一次毫无改动，请参见第63页的补注，那里引用了第二篇文章的内容，它同时出现在《Perspecta》第13/14期上，时间是1971年)。第三次印刷，修改并增补，巴塞尔／波士顿／柏林，1989年（这个版本包含了霍伊斯里在1982年所作的补遗)。

3 “透明性”这篇文章首先指出这个概念的含混不清，为此，作者将其定义为“字面的”(literal)和“现象的”(phenomenal)两个方面。这种区分来自戈尔杰·凯普斯。两位作者试图分辨作为空间秩序的透明性的隐喻意义，以同单纯幕墙的字面上的透明区别对待。这引发了一系列强力的批评意见。参见斯坦尼斯劳斯·冯·穆斯(Stanislaus von Moos) 1970年发表于《Zeitschrift für Schweizerische Archäologie und Kunstgeschichte》第27期第237～238页上的评论。冯·穆斯言辞激烈到形容“透明性”这一词汇的创制简直是出于不可遏制的恋物情结，他又把这层意思跟普通的、字面上的“透明”一词进行对照，指出前者“早就流行于世了”。后来又有罗丝玛丽·哈格·布赖特的批评文章(“不透明的透明性”，发表于《Oppositions》第13卷，1970年，第121页起)。这一篇基本上也是针对概念定义和应用范畴的批评。

4 参见脚注1。

5 同上，第324页以后。“‘假设’的世界：对得克萨斯学派的推测和评价”。

6 同上，第334页。

7 同上，第165页，卡拉贡揭露了一个可能令人颇为惊讶的事实，关于柯林·罗为什么和罗伯特·斯拉茨基一同完成论文，而不是同伯纳德·霍伊斯里一起。在约翰·肖(John Shaw)对卡拉贡的一次访谈中，把那一系列事件描述为“柯林和伯纳德闹翻”。卡拉贡辩护道：《透明性》不啻为“得克萨斯大学建筑学院课程的首要文献”(第165页)、“得克萨斯教育体系的知识核心”(第173页)以及“学校存在理由的里程碑”(第105页，在此可以看到卡拉贡为论证柯林·罗为什么和罗伯特·斯拉茨基在一起所作的努力)。

8 罗伯特·斯拉茨基给伯纳德·霍伊斯里的信，1968年3月12日：“对于第一篇(文章)，我们把它寄给全美所有的重要建筑刊物以及海外刊物……我清楚地记得AR曾给予我们答复，说假如我们能同意删除一些关于格罗皮乌斯的负面引用，文章立刻就能见诸报端！(尼古拉斯·佩夫斯纳？)于是，在一系列持续了几年的频繁退稿之后，我们决定将之无限期地束之高阁，直到某日它能够被原封不动地发表为止。”

9 佩夫斯纳对霍伊斯里印行《透明性》肯定也心怀不满，这一次，霍伊斯里不但发表评论，还配发了一系列图片。苏黎世方面认为这已经是一种“定论”，并因此而引发了小小不快。参见1968年1月17日尼古拉斯·佩夫斯纳写给苏黎世联邦理工学院建筑历史与理论研究所所长AFM.福格特(AFM.Vogt)的信；福格特于同年5月20号的回信，以及佩夫斯纳于同年5月22号再次给福格特的致信。后面两份的原文可以从霍伊斯里档案中获得，苏黎世联邦理工学院建筑历史与理论研究所。

10 柯林·罗和罗伯特·斯拉茨基对格罗皮乌斯的德绍包豪斯的“误读”，直到1989年仍然引来哈门·希思(Harmen Thies)一篇反驳文章(“Glasecken”，《Daidalos》第33卷，第14页)。与当时对格罗皮乌斯的评价相互佐证，可见时代风气。

11 柯林·罗和罗伯特·斯拉茨基：“透明性：字面的和现象的”，《Perspecta》第8卷，耶鲁建筑学刊物，纽黑文，1963年。在一种隐含的批评态度之下，此篇文章得到刊发，用以作为“现代建筑批评的方法论实例，作者寄望于借此为这个显著缺乏精确的命题提供一种更加严格的定位”。

12 除此之外，我们还有斯拉茨基 1968 年 3 月 12 日的信：“在 1962 年的一个好日子，耶鲁方面主动联系柯林，如果我没记错的话，他应该回到了康奈尔。当时《Perspecta》的编辑 J. 巴奈特说刊物版面短缺，希望能对文章进行删减和改动，柯林对此并不赞同。接着，巴奈特坚持说假如不删节的话，就不会考虑刊发。”这时候我介入进来，以保证使文章看起来减去不少冗余，但实际上不至于过分删减。就这样，与巴奈特反复讨论几次之后，双方达成让步，改动在我看来是可以接受的，也不至于对行文造成太大损伤，而《透明性》最终发表于第 8 卷上。当然，原创性还是打了折扣……印刷出来的插图也很差劲……但总的看来，我想双方都还算合作愉快。

13 参见霍伊斯里档案，苏黎世联邦理工学院建筑历史与理论研究所：手稿，共 24 页，其中第 1 ～ 21 页有页码，12a，“注解”“图版”；标示为“原始文档——‘透明性’收自鲍勃·斯拉茨基，1967 年夏天”，附有霍伊斯里手写记号。扉页来自斯拉茨基，日期为 1967 年 7 月 28 日。

14 从霍伊斯里 1968 年 2 月 18 日致阿道夫 · 马克斯 · 沃格特的信中可以清楚地看到这一点。他兴奋地说：“你这个绝妙的想法……这么完美，又有说服力，实际上我们必须立刻着手实施”。

15 霍伊斯里于 1968 年 2 月 18 日致阿道夫 · 马克斯 · 沃格特的信，霍伊斯里档案，苏黎世联邦理工学院建筑历史与理论研究所。

16 同上。

17 海杜克给奥斯瓦尔德的信，1968 年 5 月 7 日。摘自霍伊斯里档案，苏黎世联邦理工学院建筑历史与理论研究所。1968 年 4 月 4 日，奥斯瓦尔德将这一消息通告了霍伊斯里，也就是海杜克将就勒 · 柯布西耶的卡彭特中心（Carpenter Center）举办讲座，以此为契机，从立体主义观念的角度阐释建筑学。

18 奥斯瓦尔德给霍伊斯里的信，1968 年 2 月 21 日。整封信，特别是关于“透明性”的 18 点建议，都被霍伊斯里标满了注释，记满了记号。例如，在“透明同时是图和底”这句话旁边，霍伊斯里写道：“好，很重要。”1968 年 3 月 1 日当奥斯瓦尔德返回苏黎世之后，他参与了《透明性》一书的发行准备工作。

19 奥斯瓦尔德语，参见上条。

20 霍伊斯里档案，苏黎世联邦理工学院建筑历史与理论研究所。

21 柯林 · 罗和罗伯特 · 斯拉茨基，“透明性：字面的和现象的”，第 2 部分，《Perspecta》第 13/14 卷合订本，第 286 页以后部分。

22 在前面所引用的信件中（参见尾注 17），海杜克写道：“我相信柯林和罗伯特能够完成并发表第二篇文章——在我的记忆中，它好极了，用极有趣的方式讨论米开朗琪罗的圣洛伦佐立面。柯林的杰出写作才能表露无遗……”

23 在这方面，霍伊斯里与柯林 · 罗之间存在显著的差异，后者所接受的艺术史教育，使其对哲学史和观念史怀有浓厚兴趣。

24 针对霍伊斯里“若即若离”的理论姿态，柯林 · 罗后来以“程序对范例”（Program vs. Paradigm）的标题在《康奈尔建筑杂志》（*The Cornell Journal of Architecture*）1983 年第 2 期上发表文章进行嘲讽。此文对所有分析与综合方法提出根本性的质疑，直接攻击所谓“程序”性的研究。这在当时引起轩然大波。

25 卡拉贡，《得州游侠》，第 103 页和第 64 页，1954 年 3 月 10 日和 5 月 3 日。

26 卡拉贡，《得州游侠》，第 33 页。1953 年，霍伊斯里受到哈里斯委任，重新规划学院设计课程。翌年 1 月柯林 · 罗来到得克萨斯大学奥斯汀分校（在第 9 页，卡拉贡写道：“随着柯林 · 罗的到来……课程的理智特征和严格的运行秩序将很快呈现在人们面前。”）。不久之后，约翰·海杜克、罗伯特 · 斯拉茨基、李 · 赫希（Lee Hirsche）以及爱尔文 · 鲁宾（Irwin Rubin）应聘成为该系教员（后面三位都是从耶鲁大学约瑟夫 · 阿尔伯斯那里跳槽过来的）。1954 年 3 月 13 日备忘录里有 4 条介绍性的描述，写道："1. 设计过程基本上可以看作对给定条件的批判性解答。2. 概括能力和抽象能力（在学生方面）必须被唤醒。3. 选择意味着对特定原则的恪守。4. 学院教育应该提供基本知识和基本态度（卡拉贡，《得州游侠》，第 33 页）"。

27 卡拉贡，《得州游侠》，第 33 ~ 34 页。

28 希格弗莱德·吉迪恩，《永恒的存在 -1》（*The Eternal Present*）：艺术的开端（*The Beginnings of Art*），A. W. 麦隆高雅艺术讲座，1957 年（纽约：伯灵根基金会，1962 年）。吉迪恩在 1952 年夏天已经在《艺术新闻杂志》（*Art News*）第 47 页发表了一篇题为"透明性：原初与现代"（Transparency：primitive and modern）的文章。霍伊斯里一定是在很久以后才注意到这篇文章[霍伊斯里档案中这篇文章的复印件上有这样的记录："27 März 1979，Hoe/von R. Fu (rrer)"]。

29 在戈尔杰·凯普斯的《视觉语言》芝加哥：保罗·西奥布雷德，1951 年，第 6 ~ 7 页）中，吉迪恩以"艺术意味着现实"（Art Means Reality）撰写前言，落款为：纽约，1944 年 6 月 12 日。

30 柯林·罗／斯拉茨基／霍伊斯里，《透明性》，参见尾注 3，第 22 页："此处的这个引用，与第 41 页的那个一样，毫无疑问存在争议；它对思维的连续性毫无助益，对整个论题（透明性）毫无贡献。"

31 请比较：罗伯特·斯拉茨基："透明性－wiedergelesen"，《Daidalos》第 33 卷，1989 年，第 106 页之后："这些概念的起源来自同吉迪恩就《空间·时间·建筑》的一些提法的语义学商榷，在那篇文章里，毕加索的《阿莱城的姑娘》与包豪斯那些穿插的玻璃墙的成对比较，带领我们进入对现代主义经典建筑的全新的、更加精微的解读。"

32 同上，第 106 页："……包豪斯派对美国建筑教育系统的绝对统治……"

33 请比较：克劳斯·赫登格，《矫饰的图解——哈佛建筑学和包豪斯传统的挽歌》（*The Decorated Diagram. Harvard Architecture and the Failure of the Bauhaus Legacy*），马萨诸塞州剑桥：MIT 出版社，1983 年。第 78 页以后。

34 同上，第 84 页。

35 霍伊斯里后来将这一信条带到他在苏黎世联邦理工学院的教学当中。参见霍伊斯里档案，苏黎世联邦理工学院建筑历史与理论研究所："透明性"讨论会，1975 年夏季学期，讲座日期为 1975 年 4 月 25 日。他对推卸责任般的提法"形式追随功能"的批评，以"形式和功能是一体"这样的题目加以强调。还有"形式追随形式"，或者反过来"形式引出功能"。对于"形式和功能是一体"，霍伊斯里写道："归功于赖特"[完整的陈述可以从弗兰克·劳埃德·赖特的《天才和暴民》（*Genius and the Mobocracy*，纽约：Duell，Sloan & Pearce，1949）第 83 页，题为"形式与观念不可分割"中找到]。"形式追随形式"将他带回马修·诺维茨基的"现代建筑的起源与流派"，《艺术杂志》第 44 卷，其对霍伊斯里的重要影响，请参见沃纳·塞利格曼的"得克萨斯州时代和苏黎世联邦理工学院时代"（Die Jahre in Texas und die ersten Jahre an der ETH Zürich 1956 ~ 1961），《Architektur lehren》，*Bernhard Hoesli an der Architekturabteilung der ETH Zürich*（Zürich，1989），第 7 ~ 9 页。

36 就在这之前，柯林·罗和霍伊斯里曾精确地声明："高等学校必须认清存在于巴黎美院和包豪斯教育系统之间的二元对立。"参见：卡拉贡，《得州游侠》，第 34 页。

37 "两幅插图都有 30 年以上的历史了。它们是当代境况的写照。从那时候起，很少有什么图画中没有暗示的意思被揭示出来。"出处同上。

38 在同本文作者的一次讨论中，沃纳·塞利格曼明白无误地强调这一点。这次谈话发生在 1992 年 7 月 3 日。

39 在展览目录页的封面上就暗示了这一点。作者为阿尔弗雷德·巴尔二世（Alfred H. Barr，Jr.），其中包含了一系列现代主义艺术运动发展脉络的图表。

40 请与纽约现代艺术博物馆的“启蒙手册”——《什么是现代建筑》(*What is Modern Architecture*) 相比较。纽约：1942年。这本小册子是现代艺术介绍专辑中的一册。介绍性的文字这样开头：“现代建筑师就是科学家……和心理学家……以及艺术家……但是绝大多数当代建筑师都不现代”，接着提出这样的要求：“建筑学……需要满足三方面的需求：实用、坚固和美观”(第5～6页)。

41 让人费解的是，早在1932年，这条声明就出现在亨利·罗素·希区柯克（Henry Russell Hitchcock）和菲利普·约翰逊（Philip Johnson）所撰写的《国际风格，1922年以后的建筑学》(*The International Style, Architecture Since 1922*)，纽约，W. W. Norton，1932年。第25页：“正是在美国，一种新风格呼之欲出，在二战前迅速地成长”。参见沃纳·奥希斯林（Werner Oechslin）“Neues Bauen in der Welt' banned by the nations”,《Rassegna》第38卷,1989年,第6～8页。

42 《立体主义和抽象艺术》，第10页。

43 西奥多·K. 罗登伯格（Theodor K. Rohdenburg）:《建筑学院的历史：哥伦比亚大学》(*A History of the School of Architecture：Columbia University*)。纽约，1954年。第34页之后。

44 同上，第54页（“当代学院教育”“构造课程”）。

45 同上：“不断出现、数量激增的新材料，使得设计课程的学习同构造课程的学习密不可分。建筑学重新成为‘经济、坚固和美观’的综合体”。

46 同上，第50页：“设计过程”：“建筑学作为三维表达，要求初学者立刻学习三维空间形式概念，这是最基本的”。

47 参见R. A. 拉思伯恩：《功能设计导论》，纽约／多伦多／伦敦，1950年。书籍封面又一次露了马脚，宣称关注的焦点在“艺术作品的技术复制”。即便是更加精确地表述“通过细心组织，将功能要素作为引导思想和技术的手段”也不能改变这一思路。

48 请将尾注33（赫登格）同尾注35（塞利格曼，第7页）进行比较。

49 根据塞利格曼的记述，伦敦人本·韦恩瑞博（Ben Weinreb）是奥斯汀图书馆的大赞助人，他将大量石油资金注入图书馆。但柯林·罗纠正了这一说法（1996年10月4日给作者的信），他声明奥斯汀建筑图书馆与平常的图书馆一样，只有“古老和迟缓的收藏”，但的确“藏有几本40～50年前的书本：加代（Guadet）的、欧文·琼斯（Owen Jones）的，当然也有李特若利的，不但有《罗马建筑学编年史》(*Les Edifices de Rome Moderne*)，还有《梵蒂冈的圣皮埃尔大教堂》(*La Basilique de Saint Pirrer le Vatican*)”。

50 此处，不必深究也能发现柯林·罗的思想同鲁道夫·维特科尔之间的关联。

51 阿道夫·马克斯·沃格特寄给霍伊斯里的信，1968年8月13日，霍伊斯里档案，苏黎世联邦理工学院建筑历史与理论研究所。

52 参见尾注35。

53 这一表述来自恩斯特·海因里希（Ernst Heidrich）的“Beiträge zur Geschichte und Methode der Kunstgeschichte”，巴塞尔，1917年；引自F. 克瑞斯（F. Kreis）的“Der Kunstgeschichtliche Gegenstand. Ein Beitrag zur Deutung des Stilbegriffes”，斯图加特，1928年，第43页。

54 参见斯拉茨基的“‘Transparenz’－wiedergelesen”,第109页和107页,引用第31条,斯拉茨基在这个地方（1989年）相当矛盾地谈到了他对这一话题的新认识。

55 参见奥斯瓦尔德给霍伊斯里的信，1966年4月4日，霍伊斯里档案，苏黎世联邦理工学院建筑历史与理论研究所。在这封信里，他呼应霍伊斯里的文章“Eine zeitgemässe Architektenausbildung anstreben”（发表于《Detail》杂志，1964年，第663页起），并作出这个结论。在那篇文章里，霍伊斯里提出如下论断：“在建筑学中，形式作为解决建筑问题的手段，而不是伪个人风格的结果，或经验主义的设计倾向"。若想大致了解"理性主义"或"对透明性的探询"，请参见阿兰·科屈宏(Alan Colquhoun)："理性主义：建筑学中的哲学概念"，《现代主义和古典传统．建筑论坛，1980 ~ 1987》，马萨诸塞州剑桥：MIT 出版社，1989 年，第 57 ~ 67 页。

56 参见霍伊斯里，"Das Verhältnis von Funktion und Form in der Architektur als Grundlage Für die Ausbildung des Architekten"，《Schweizerische Bauzeitung》 第 34 卷，1961 年，重印本，第 7 页。在转载这次讲座之前，文中先记述了霍伊斯里的一次谈话，时间是在 1960 年 9 月 16 日，地点是在苏黎世"Club Bel Etage"，谈话的主题是"建构的观念与方法"(Von Ideen zu Methode im Architekturunterricht)，这篇文章可以在霍伊斯里档案中找到配有插图的全文。

57 参见"Wahlfach Transparenz / 1957"卷宗，霍伊斯里档案，苏黎世联邦理工学院建筑历史与理论研究所。

58 同上。

59 参见霍伊斯里，"Das Verhältnis von Funktion und Form in der Architektur als Grundlage Für die Ausbildung des Architekten"，《Schweizerische Bauzeitung》第 34 卷，1961 年，第 4 页，第 56 条引用。

60 普森纳致霍伊斯里的信，1978 年 7 月 2 日，霍伊斯里档案，苏黎世联邦理工学院建筑历史与理论研究所。类似的，在斯坦尼斯劳斯·冯·穆斯（请见尾注 3）评论的空白处（穆斯在此质疑透明性概念为一种"可以直接应用的工具"），霍伊斯里写道："不，不，绝不是这样"。

61 霍伊斯里给申耐伯里的信，1983 年 10 月 23 日，霍伊斯里档案，苏黎世联邦理工学院建筑历史与理论研究所。

62 参见柯林·罗："程序与范例"(Program vs. Paradigm) 第 24 条注解。柯林·罗在美国建筑界中的重要作用无法在此处详述。可是，在我们的讨论中，显然很多人认为 1973 年在苏黎世举办的"罗西和海杜克"展具有非比寻常的重要意义，而柯林·罗的贡献全部表现在这一篇介绍性的文字中。柯林·罗是为 1969 年的 CASE"建筑师环境研究会议"(Conference of Architects in the Study of the Environment meeting) 撰写此篇文章，《五位建筑师》正是由这个机构出版（1972 年）；并于 1975 年重印。在此文中，柯林·罗提到了教条主义的危险："现代建筑主张的标准化、类型化和抽象化的霸权"（请与下面的条目比较）。

63 参见伊丽莎白·蒂勒 (Elisabeth Diller)、戴安娜·李维斯 (Diana Lewis) 和金·斯卡皮奇 (Kim Shkapich)：《建筑师的教育》。库柏联盟建筑学院，纽约：Rizzoli 出版社，1980 年，第 8 页。

64《五位建筑师：埃森曼、格雷夫斯、格瓦斯梅、海杜克和迈耶》，纽约，Wittenbom 出版社，1975 年版，第 3 页之后、第 5 页、第 7 页。在 1975 年版里面，柯林·罗为介绍进行了增补，这篇文字的确可以被看作是自闭的、神谕的条条框框。

65 参见肯尼思·弗兰姆普敦："正面与旋转"(Frontality vs. Rotation)，如上，第 9 页之后、第 13 页注 3。

66 参见约翰·海杜克和大卫·萨皮罗 (David Shapiro)："对话：约翰·海杜克或画天使的建筑师"，《a+u》第 91 期，第 59 页。

67 海杜克致霍伊斯里的信，1983 年 9 月 26 日，霍伊斯里档案，苏黎世联邦理工学院建筑历史与理论研究所。

柯林·罗和罗伯特·斯拉茨基

透明性：字面的与现象的 *

透明性（Transparency），名词

1. 透明的性质或状态，透明。

2. 透明的事物；特别是供展示的一幅画或其他物品，使用玻璃、薄布、纸张、陶瓷或类似材料制成，目的是在光线照射下可以透视；或者一种装置，框架外面覆盖着薄布或纸张，通过内部光源照明，用以进行公开展示。

3. [大写]阁下，荣誉称号的谐谑说法。这是从德文称谓 Durchlaucht 直译而来;例如，他的头衔是公爵（His Transparency，the Duke.）。

透明的（Transparent），形容词

1. 具备能够使光线穿透的性质，这样物体可以被透视；不能阻挡光线的、透亮的、清澈的；例如，透明的玻璃或湖泊、透明的树叶或肥皂——与“不透明”（opaque）反义，在大多数情况下，与“半透明”（translucent）的意义也不相同。

2. 不能阻挡射线的,对任何特定类型的能量辐射均适用,例如,对 X 射线或红外线透明。

3. 发光的；明亮的；闪亮的（诗）。

4. 材料松弛、高级或网格稀疏，以至于不能遮蔽背后的事物；精细而透明的、薄的；像轻纱一般的；例如，透明的布料或披肩。

5. 比喻地：a. 浅显易懂的、简单明白的、一目了然的，例如，透明的文字风格。b. 容易被看穿的、证据确凿的、无遮蔽的、不必付出努力就可获知的，例如，一个透明的计谋或花招、透明的谄媚或小人。c. 坦荡的、开诚布公的、不矫饰的，例如，她像孩子一样透明。

《韦氏新国际辞典》，第二版

* 这篇文章最早发表在耶鲁大学的建筑刊物《Perspecta》第 8 期上，时间是 1964 年。
所有出现在德文版第一版（*Transparenz*，1968）中的附加图片，在本版中都有收录：一些方案和轴测图（图 13–17，图 25）由 Miguel Rubio Carillo 重绘。此外，伯纳德·霍伊斯里为本文添加了图 9、10、12、18、19、20、22、23、25。

1

“透明性”(transparency)、“空间－时间”(space-time)、“共时性”(simultaneity)、“互渗”(interpenetration)、“交叠”(superimposition)、“矛盾”(ambivalence) 这些词汇，还有其他一些类似的词汇，在当代建筑学文本中通常被视作同义。我们了解它们的用途，但很少有人认真分析其用法。把这些近似的词汇拿来，当作得力的批判工具，这样的想法多少有些迂腐。可是，本文甘愿冒着被认为是迂腐的风险，也要将透明性概念所包含的多层意义揭示给大家。[①]

① “透明性”及相关概念在当代建筑学文本中频频出现但用法不明，作者尝试揭示其“多层含义”。本段为破题，点明研究对象（透明性及相关概念）、研究范畴（建筑学文本）、研究目的（揭示透明性概念的多层意义）。这一段还点出了研究背景（概念的误用和滥用），和研究存在的风险（不能被当时的学界理解）。理解要点：作者开篇列举的一系列词汇在下文中反复出现，当是其时“建筑学文本”，即理论研究中常见的概念。说“很少有人认真分析其用法”是认为它们各有不同的意思，不是人们盲目以为的“同义”。当作研究对象，拿来做批判性的解读，揭示其“多层含义”（原文是 levels of meaning），是探精求微。世人不解精微，而为精微之事，知其不可而为，是为“迂腐”。——译者注（本书第 28 ~ 89 页所有页下注均为译者注，标号为①~㊺）

根据字典的定义，透明的性质或状态既是一种物质条件——容许光或空气透过，同时也是一种知性本能，它来自我们先天的需求，希望事情容易被感知，拥有无懈可击的证据，绝不含混其词。这样一来，作为形容词的“透明”(transparent)，因其被赋予了纯粹物理学意义，因其可敬的批评功用，及其可说是众口一词的道德寓意，从一开始就充满变数，富含意义，也时常被误解。②

至于更深一层的解释，将透明性视作一种可以从艺术作品中揭示的状态，不妨参看戈尔杰·凯普斯（Gyorgy Kepes）在《视觉语言》(*Language of Vision*)一书中的阐释：“如果一个人看到两个或更多的图形叠合在一起，每一个图形都试图把公共的部分据为己有，那这个人就遭遇到一种空间维度上的两难。为了解决这种矛盾，他必须假设一种新的视觉性质的存在。这些图形被认为是透明的；也就是说，它们能够互相渗透，同时保证在视觉上不存在彼此破坏的情形。然而，除了视觉特征之外，透明性还暗示着更多的含义，即拓展了的空间秩序。透明性意味着同时对一系列不同的空间位置进行感知。在连续运动中，空间不仅在后退，

---

② 解析“透明”一词的“字面”含义，指出即使在常识层面，也有“物质”和“观念”两重含义。这一段与正文开始之前“透明”一词的字典解释（即字面意思）呼应。从此段开始解题，为第6段“立论”做准备。理解要点：“物质条件”是指透明事物容许光或空气透过，这一点中文与英文存在词义差别，中文的“透明”一般不指“空气”的透过，不过这不妨碍对后文的理解。之后作者开始谈“透明”作为一种知性需求，是人本能的一部分，即其“批评功用”和“道德寓意”的根由。人的行为透明、公司的管理透明，一般都是褒义。不透明似乎意味着“欺瞒”，即文中所说的“含混其词”（dissimulation），这就是所谓的“道德寓意”。这是引申义，非物质属性，但依然是字面意思，约定俗成，大家都明白。作者在段尾指出，这个词本意多元，不易把握。

也在变动。透明图形的位置是模棱两可的，人们同时看到一组交叠图形中的每一个，对于近处的图形如此，远处的也是如此”。[1][③]

根据这一定义，透明性不再是毫无瑕疵的明白，而是明明白白的不太明白。然而它也并不是深不可测的；当我们读到（这种情况并不少见）“透明叠合的平面”时，我们也常常能够感到其中并非仅包含简单的物理透明概念。[④]

例如，莫霍里－纳吉（Moholy–Nagy）在他的《运动中的视觉》（*Vision in Motion*）一书中不断提到“透明电影胶片”“透明和移动的光线”，以及“鲁本斯那炫目透明的阴影”[2]，仔细阅读这本书会发现，对于莫霍里－纳吉来说，这种物理性的透明之外，还包裹着隐喻的外衣。莫霍里－纳吉告诉我们，某种形式的交

---

③ 解析“透明性”一词的引申含义，通过引用凯普斯的话，提出“透明性”在视觉特征方面的定义，并再进一步引申为空间秩序。这一段指出“现象的透明性”的两重含义的第一重，即视觉和空间方面。理解要点：不妨在纸上画两个圆，中间部分重叠在一起。如果图形是在同一个二维平面上，那么两个圆形就不能同时拥有重叠部分。这时候，必须将二维想象为三维，假设两个圆形分处在不同的空间深度中；又必须假设至少第一个圆形物体是透明的，这样才能让重叠部分（二维投影图中重叠的部分在三维空间中不重叠）不发生矛盾。但是，当两个圆形物体都是透明的时候，在投影图中，我们无法得知哪个离我们更近，因为“人们同时看到一组交叠图形中的每一个”，远近关系错乱了。读者需要明白，这是一种理想情形，现实空间中会有不少辅助判断的条件；而且，从文意推测，作者是在谈“通过二维想象三维”这件事，特别是正投影图中体现的维度矛盾。这种矛盾，作者将在后文中用来分析费尔南·莱热的画作。在这篇文章中，作者一直是在以“正面”（即正投影图）的视角来解读绘画和建筑。此段借凯普斯之口对“透明性”进行定义，也是全文最核心的一个定义。

④ 本段意在阐明：透明性概念是多层的，但也是可以解析的。此为过渡段，承上（现象透明性的第一重）启下（现象透明性的第二重）。理解要点：作者用“明白”（clear）和“不太明白”（ambiguous）组成互文，揭示透明性的“不透明”。继而指出，它是可以被解读的，即使用以描述物理透明性的语言，本身也包含隐喻意，引出下一段文学作品中关于透明性概念的讨论。

叠“超越了时空限定。它们将不起眼的个别事物转化为充满意义的综合……交叠的透明也常常暗示着上下文的透明性,揭示了事物中曾被忽略的结构特征”。[3]接着,在评价詹姆斯 · 乔伊斯(James Joyce)那些他所谓的“冗余词汇粘合”或曰“乔伊斯隐语”的时候,莫霍里 – 纳吉认为它“通过相互关系的富于创见的透明性因素,整合了彼此关联的部分,为现实问题提供解决方案”。[4]换句话说,他似乎觉察到,通过词义扭曲、结构重组和语涉双关,语言上的透明性——亦即戈尔杰 · 凯普斯所说的“它们能够互相渗透,同时保证在视觉上不存在彼此破坏的情形”——是可以实现的,而那些有幸体验乔伊斯式“词汇粘合”的读者,无不深受触动,乐于探索表层叙述背后更深层次的意义。⑤

⑤ 本段旨在说明:透明性概念类似文字隐喻,可以揭示事物组织关系上的复杂性。提出现象透明性的第二重,即文字隐喻。第 2~5 段分析了“字面的透明性”的两重含义(物质的和知性的),以及“现象的透明性”的两重含义(视觉空间的和文字隐喻的,两者均属“组织关系”),至此概念辨析告一段落,即将进入立论。理解要点:学过素描的人都知道,阴影中不是一片死黑,而是充满内容。但阴影不是物质,无所谓透明不透明。说阴影是“透明的”,就是文字隐喻。本段中,作者第一次提到莫霍里 – 纳吉是正面态度。莫霍里讨论乔伊斯的话,指出实现语言透明性的方法——“词义扭曲、结构重组和语涉双关”,向前与凯普斯的定义呼应,向后与费尔南 · 莱热在绘画中、勒 · 柯布西耶在空间操作中实现透明性的方法呼应,也为后文否定莫霍里 – 纳吉,指其言行背离埋下伏笔。至于乔伊斯的“词汇粘合”,对于读过《尤利西斯》的读者应该并不陌生,没有读过也没关系,只需知道它是莫霍里 – 纳吉的说法的旁证,而莫霍里 – 纳吉的说法是作者立场的旁证。

故此，在对透明性概念展开探究之前，有必要进行一次基本区分。透明性既可能是一种物质的本来属性（例如玻璃幕墙），也可能是一种组织关系的本来属性。据此，人们可以查知“字面的透明性”和“现象的透明性”之间的区别。[⑥]

我们对“字面的透明性”的感知有两个源头：一个是立体主义绘画，另一个就是通常所说的机器美学。我们对“现象的透明性”的感知可能来自唯一的源头——立体主义绘画；一位立体主义画家在 1911 ～ 1912 年的画布足以囊括透明性的两重秩序或层次。[⑦]

---

⑥ 本段指出：透明性概念应区分为“字面的透明性”和“现象的透明性”，为全文立论。理解要点：综合前面的概念辨析得出结论，明确提出透明性概念的两个层次：字面的（物质属性）和现象的（组织关系）。在此，作者第一次将“字面的透明性”等同于“物理的透明性”，对其“知性”方面避而不谈。

⑦ 本段指出“字面的透明性”和“现象的透明性”各自与艺术作品的对应关系。为本论的起首语，开始分析问题。理解要点：段首未做铺垫，直接引入立体主义绘画，暗示后续讨论的主体内容。素材与论点之间看似是强关联，其实是弱关联，对于何以从立体主义绘画入手，何以不包括雕塑和摄影等，作者不做阐释，这是使用有限案例来完成论证的一般手段。作者说，“字面的透明性”有两个源头，“现象的透明性”只有一个。这说明两个问题：一是一些立体主义画作囊括了两种透明性；二是机器美学（后文可知，特指包豪斯一路的绘画、装置和建筑）仅包含“字面的透明性”。

人们可能对关于立体主义那些融合了时间与空间因素的滔滔解说心存疑虑，它们太花言巧语，反而令人难以置信。阿尔弗雷德·巴尔（Alfred H. Barr）告诉我们，纪尧姆·阿波利奈（Guillaume Apollinaire）“用一种隐喻的而不是数学的感觉……唤起了第四维度”[5]；在此，与其试图在赫尔曼·闵可夫斯基（Hermann Minkowski）与毕加索之间建立关联，不如转而寻求一些更加不致引起争议的灵感之源。[⑧]

---

⑧ 本段指出：应从隐喻而不是数学角度理解立体主义绘画的空间操作。此为过渡段，引出后文从隐喻角度解读绘画中的现象透明性。理解要点：本段出场人物颇多，观点颇多，理解上有一定难度，我们不妨逐句解读。起首就说“人们”对“关于立体主义的解说”心存疑虑，这里“人们”其实是指作者本人。这些解释“融合了时间与空间因素，太花言巧语（too plausible explanation）”，这一句，作者驳斥现有的针对立体主义的解释，并交代立场——“难以置信”，“可能”一词柔化了语气。第二句似乎难解，我们不妨跳读到最后一句。作者说，与其“在赫尔曼·闵可夫斯基与毕加索之间建立关联，不如……”，这分明是暗示不同意将两者建立关联。毕加索是立体主义画家无疑，那么赫尔曼·闵可夫斯基，即使读者不知其数学家身份及其时空理论，也可从第一句猜出某些人要借用他的观点来解释毕加索画作，而在作者眼中“存在争议”。此时，我们再回到第二句，作者借阿尔弗雷德·巴尔之口，说明纪尧姆·阿波利奈理解时空“用隐喻而不是数学”，注意作者在此使用了“告诉我们”（tells us），这是一个表示强赞同的提法。我们可以从字里行间推测：1. 作者不同意“融合了时间与空间因素的花言巧语”；2. 作者同意巴尔对阿波利奈方法的理解，即“用隐喻而不是数学”；3. 作者不同意在闵可夫斯基与毕加索之间建立关联，可以推知，如在二者之间建立关联，就是“融合了时间与空间因素的花言巧语”；正确的理解应是使用隐喻而不是数学，那么闵可夫斯基应当代表数学，而阿波利奈应当代表文学。阿尔弗雷德·巴尔是作者认同的评论家，他的观点是作者的旁证，阿波利奈是他的旁证。对于闵可夫斯基，作者并无褒贬，他只是被“某些花言巧语的评论家”拿来作旁证的案例。整段话里都隐约存在一位不具名评论家的身影，他从数学和科学角度解读时间和空间，作者表示“难以置信，存在争议”。这个人是谁，作者没有明说，留下伏笔。本段中，作者交代了自己的研究视角：将放弃数学科学，而采用文学隐喻来展开以下案例研究。

塞尚晚期的作品《圣维克多山》(Mont Sainte-Victoire) 作于 1904 ~ 1906 年 (图 1), 现藏于费城艺术博物馆。这幅画具有极端简洁的特征。在整幅画面中, 正面视点 (frontal viewpoint) 得到高度强调, 明确暗示景深的元素大为缩减, 结果前景、中景和背景被挤压收缩, 塞入同一个紧凑的图面空间矩阵当中。光源明确而多样 ; 进一步审视画面, 观者会产生大量物体倾泻于空间之中的感受, 这一点因绘画者大量使用不透明色和高对比色而得到强化。构图中心被密集的笔触网格所占据, 其中既包含斜线, 也包含水平线和垂直线 ; 很显然, 这块区域被较外围那些笔触更加肯定的水平网格和垂直网格支撑加固。⑨

---

⑨ 此段指出塞尚画作《圣维克多山》用二维画面表现三维空间的具体方法, 为本论的第一小节。对应上一段的最后一句, 举 "前立体主义" 的例子说明一幅画作中如何囊括两种透明性, 以及画面中现象透明性的特征。理解要点 : 本论共有 4 个小节, 此为第一小节, 也是唯一的孤例, 以立体主义鼻祖——塞尚的绘画, 引出画面空间组织的一系列关键词, 如正面视点、空间压缩等。与本段不同, 后面的例子将对偶出现, 彼此构成对比。为什么不能用 "平行透视" 呢? 因为 "平行透视" 对应于 "成角透视", 两者都属于 "消失点透视", 只是前者画面中有一个灭点, 后者有两个灭点。而 "正面视点" 对应的是 "对角线视点", 前者实现画面深度靠平行于画面的层叠平面和平行线, 后者靠斜线直接暗示空间深度。区别在哪里呢? 其实在此所说的 "正面视点" 不是严格意义上的正投影, 而是一类特殊的 "平行透视" (在后文讨论加歇别墅的时候得到印证), 画面中同样只有一个焦点, 但没有通过斜线标示它。平行透视有两种情形, 一种就是正面视点, 如本段谈到的塞尚的画 ; 另一种是文艺复兴式的标准焦点透视, 如同站在林荫道的中央向无限远望去, 两侧街道、行道树和街边建筑勾勒出明确的向画面中央汇聚的斜线。后一种与成角透视一起, 属于 "对角线视点", 因为画面中并没有表达事物的 "正面", 靠斜线描述空间深度。"正面视点" 可以是透视图, 但无限逼近正投影图 (立面), 感知空间深度只能靠经验。

图 1 圣维克多山 塞尚
费城艺术博物馆 73cm×92cm

正面视点、压缩景深、收缩空间、明确光源、倾泻物体、节制色彩、斜线与直线网格，以及向周边发展的倾向，都是分析立体主义(analytical cubism)的特征。这些绘画让我们意识到的，除了物体被扯碎并重组的事实，也许最重要的，就是空间的进一步收缩和对网格的进一步强调。现在，我们发现两套坐标体系同时存在，彼此交织。一方面，斜线和曲线的组织暗示了空间向对角线方向后退；另一方面，一系列水平线和竖直线的存在表明绘画者的矛盾心态——这次强调的是正面视点。总的来说，斜线与曲线有着某种自然主义的含义，而直线则代表着几何化的倾向，成为对绘画平面的重申。两种坐标体系都在延伸的空间和图画的平面两方面描述形体方位；可是它们穿插，它们叠合，它们相互关联作用并组成更大的、变动不居的图面构成，从而引发了典型的、兼具多重含义的立体主义主题。[10]

⑩ 本段指出：在分析立体主义绘画的空间结构中，两套坐标体系并存。讨论塞尚作品与分析立体主义绘画的关系，引出下一组例子。理解要点：段首一组词汇是对上一段内容的概括，但作者却用来描述分析立体主义，以这样的方式将晚期印象派绘画与分析立体主义建立关联，其目的却是谈区别。与塞尚相比，分析立体主义运用空间深度和结构网格更加自觉，正面视点和对角线视点兼有，直线与斜线并用且彼此交织。作者认为：斜线对应自然，直线对应几何，并将这一对关系贯穿于整个论证过程。需要注意的是，作者一再强调这些绘画方法是应用于纸面上的“空间表现”。

两种秩序叠加，在画面中生成了一系列“面”。当观察者试图进行区分的时候，他能渐渐注意到画面中一些响亮的区块与那些更加浓稠的色彩之间的反差。他能分辨出画面中一些区域带有类似电影胶片的物理属性，另外一些基本上是半透明的，而还有一些区域从根本上阻止光线的透过。他能够分辨所有这些“面”，透明的或不透明的，不管在图画中代表的是什么东西，都蕴含在凯普斯所定义的透明性现象当中。[11]

通过比较分析一些不那么典型的毕加索画作，如《单簧管乐师》(The Clarinet Player，图 2)，以及典型的乔治·布拉克（Georges Braque）画作，如《葡萄牙人》(The Portuguese，图 3)，我们能更好地理解透明性的双重属性。这两幅绘画，每一幅都用一个类金字塔的图形暗示了一个人的形象。毕加索用加粗的轮廓线界定了他的金字塔形；布拉克则采用更加复杂的技法。由于毕加索的轮廓线特别肯定并独立于背景，观者往往感觉画面中有一个完全透明的主体站立在相对深远的空间之中，只是随着观看时间的延长，他才会慢慢意识到画面其实是没有深度的，并从而修正自己的感觉。对于布拉克来说，观画的过程遵循相反的顺序，间隔的直线和突入其中的平面塑造出高度交织的水平与竖直网格，建立了基本上

---

⑪ 本段指出：分析立体主义绘画的画面中两种透明性并存。此段与上一段呼应前文第 7 段“囊括透明性的两重秩序或层次”。上一段是“秩序”，这一段是“层次”，从而为正反对偶例证开始之前的预热部分煞尾。理解要点：上一段交代了分析立体主义绘画的空间结构具有两种互相对立却彼此交织的“秩序”之后，这一段谈画面本身以色彩和笔触来描述的空间深度。本段中“平面”一词理解起来颇有难度，段首的“resultant”暗示了这里的“平面”不是上段所说的全局性的结构平面，而是用以刻画具体事物的笔触的“面”；它的出现是之前所说的两种“秩序”共同作用的结果，因此在最后一句说它们不管在画面中代表的是什么东西，都逃不开凯普斯对透明性现象的概括。虽然都用“plane”（面）这个词，其实是整体和局部的关系。以下开始对偶例证。

图 2　单簧管乐师（Le Clarinettiste）　毕加索
D. 库珀（D. Cooper）藏品，伦敦　106cm×67cm

图3　葡萄牙人　布拉克

巴塞尔美术博物馆　116cm×81cm

属于浅景深的空间，观察者必须通过慢慢感受才能逐步查知空间深度，进而使主体获得具体形态，并慢慢浮现出来。布拉克提供了分别阅读主体和网格的可能，而毕加索很少这么做。毕加索更愿意将网格蕴含于主体之中，或者将其作为一种周边元素引入作品中，使主体更加稳定。⑫

在第一幅画中，我们能够预感到字面的透明性，而在第二幅画中我们则能领悟现象的透明性。为了更好地说明这两种截然不同的态度，我们将对两位稍晚近画家的画作进行比较，他们是罗伯特·德劳内（Robert Delaunay）和胡安·格里斯（Juan Gris）。⑬

---

⑫ 本段指出：毕加索和乔治·布拉克两幅看起来相似的绘画作品中，用以建立空间秩序、描述主体图像的方式是截然不同的。此为对偶例证的第一组，是对经典分析立体主义画家作品的对比。理解要点：这一组对比，跟之后两组一样，作者要分出褒贬。作者对前者是轻微的负态度，对后者是轻微的正态度，谈后者是为了反驳前者。其方法是针对图面本身的要素进行深度分析之后，再进行对比解读，但通常先说二者的相似性。说相似性是为了建立可比较的依据，然后再谈区别才显得触目。在这对例子中，不同点主要表现在“表达主体和网格”的方案，即空间结构。文中使用的 positively 是指图底关系中的“图”。毕加索的画，图底分明，主体突出；布拉克的画，图底含混，主体弱化。前者优先刻画人物形象，后者优先刻画空间网格，读者循着作者的话观察图面，理解到这一层并不太难。其实，对于首次阅读的人来说，从这些客观描述和理性分析中读出隐含的褒贬是不容易的。这些行间之义，要到第三对例子，明确抛出作者本人立场之后回头看，才发现早已在抽丝剥茧，慢慢揭示谜底了。段首用一个定语“不那么典型的”，区分了个别与一般，暗示作者对毕加索“典型”的作品并非如此褒贬，避免读者产生误解。

⑬ 本段指出：毕加索和布拉克作品分属两种不同的透明性。此为过渡段，点明二者不同，总结第一组例子，引出第二组例子。理解要点：作者不再提示，直接下判断，并强调二者是“截然不同的”（distinct）。一路抽丝剥茧，对于急性子的读者来说，再不明示就真等不及了。“稍晚近”这个定语，表明前一组是“前辈”画家。

德劳内作于1912年的《共时的窗子》（Simultaneous Windows，图4）和格里斯作于1912年的《静物》（Still Life，图5），两幅画中都包含了应该是透明的物体，一幅画中是窗户，另一幅画中是瓶子。格里斯为了突出网格的透明性牺牲了玻璃的物理透明性，而德劳内则以无穷热情拥抱层叠的“玻璃窗”那难以捉摸的反射性质。格里斯将一系列倾斜并相互垂直的线条编织成某种略带皱褶的浅空间；循着塞尚的空间建构传统，为了使主体和结构同时得到强化，他采用了多种多样但具体明确的光源。德劳内对形式的偏爱则预示着截然不同的态度。形式——例如一片低矮的街区和各种自然主义的、让人联想起埃菲尔铁塔的物件——对他来说不过是光线的反射和折射，他用一种看起来像是立体主义网格的笔触加以表现。但是，尽管图像具有几何化倾向，德劳内的形式和空间普遍具有一种空气感，这更像是印象主义的特征，这种相似性同样表现在德劳内使用绘画媒材的方式。格里斯采用平涂的、平铺直叙的不透明色块和几近乏味却极具触感的单色，而德劳内则侧重于一种类印象主义的笔触。格里斯提供了界定清晰的背景，而德劳内则尽可能避免自己的空间中出现这样生硬的收束。格里斯的背景起到了催化剂的作用，它局限了那些图示物件的不确定性，并造成波动效果。德劳内对这一特殊程序的厌弃暴露了他的形式原本潜在的不确定性，无从参照，悬而未决。两人看起来都在努力让复杂的分析立体主义明晰化；然而，格里斯似乎强化了立体主义空间语言的某些特征，为其塑性法则带入新技巧；德劳内则一方面希望追寻立体主义的诗性意味，一方面却剥离了立体主义的格律句法。[14]

---

⑭ 本段指出：德劳内和格里斯的两幅绘画作品都尝试理清分析立体主义的问题，却采取了截然不同的方式。此为对偶例证的第二组，内容为稍晚近画家作品的对比。理解要点：这段理解上的一个关键词是“自然主义的”（naturalistic）。经过之前的解析，我们逐渐理解作者在提到这个词的时候是负面态度。与“斜线和曲线”“物质的或物理的”“客观写实的”“空气感”等关联密切，其隐藏含义大概就是从“字面”看世界，不肯剥开外表，看到事物隐藏的“结构秩序”。当作者用这一类词来形容一个人，那多半是亮出否决牌了。

原来“自然”这个词在作者的语境中是贬义。可见，一个词的具体内涵跟上下文关联密切。我们几乎无法离开文本去谈定义，就像无法“剥离立体主义的格律句法”去追寻它的“诗性意味”一样。这一段，作者显然对德劳内是负态度，对格里斯是正态度。这一长段共10句，分为3个部分。第1句依然是交代事实，指出相似性；第2~9句从三个方面将两者进行对比，指出区别；第10句总结。这三个方面分别是：1. 格里斯注重空间的网格属性（即结构秩序），德劳内注重玻璃的物理特征。其中第2句是总括，第3~5句是详细解说。提到格里斯跟塞尚的延续性，也是在谈分析立体主义同时注重两种秩序的正统。作者同时很不客气地指出德劳内只是表面像立体主义，内里其实更像印象派。第6句谈层次，第7~8句谈物象。第三方面特别重要，它揭示了作者对完全打碎物象，进入纯抽象领域的态度的峻拒。看看德劳内的画，几乎没有主体，物像全破碎了。作者认为这是对立体主义的歪曲：在浅空间中“使主体和结构同时得到强化”，才是分析立体主义的正道。所以最后一句，作者如法炮制，先轻描淡写地谈了两者的共同之处（理清头绪），然后立刻大谈区别，并使用了一系列带感情色彩的词，如谈到格里斯的时候用了“强化”（intensified）、“新技巧”（new bravura）等，谈到德劳内时则用了“意味”（overtones）、“剥离”（divorcing）等。这些微妙但明确的差异，正是隐藏文本间隙、对理解文意最有帮助的细节。

图 4　共时的窗子（Les Fenêtres Simultanées）　德劳内
汉堡艺术馆　46cm×40cm

图 5　静物（Nature Morte）　格里斯
　　库勒慕勒美术馆，奥特鲁　54.5cm×46cm

当德劳内观念中的一些内容同提倡物质实体的机器美学相融合，并通过某种对简单平面结构的热情得到加强的时候，字面的透明性就接近于完成；也许莫霍里－纳吉的作品恰到好处地说明了这一点。在他的《艺术家的抽象观念》(*Abstract of an Artist*) 一书中，莫霍里－纳吉告诉我们，在 1921 年前后，他的“透明绘画”已经彻底摆脱了任何可能唤起关于自然界的联想的元素，原话如下：“今天我们所看到的，是立体主义绘画的逻辑结果，我曾满怀崇敬之情来研究它们”。[6] ⑮

---

⑮ 本段指出：字面的透明性在立体主义绘画和机器美学中都能发现。此为过渡段之一，总结第二组例子，引出莫霍里－纳吉的话。理解要点：本句呼应第 7 段中“我们对字面的透明性的感知有两个源头：一个是立体主义绘画，另一个就是通常所说的机器美学。”同时指出德劳内和莫霍里－纳吉的关联。我们隐隐预感，作者前文对莫霍里－纳吉持有的正态度在接下来的行文中要被颠覆了。作者接下来引用了莫霍里－纳吉自己的话，如何理解这句话呢？之前曾分析过，“自然”在这篇文章中是跟“字面的透明性”并列的。那么莫霍里－纳吉说他通过研究立体主义绘画，早在 1921 年前后就可以彻底摆脱自然联想当然是好事。可是作者是否同意这个说法呢？在这一段里，莫霍里－纳吉似乎扮演着矛盾的角色；从前半段来看，他的作品与德劳内一道，似乎成为“字面的透明性”的注脚；从后半段来看，莫霍里－纳吉颇为自得地认为自己是分析立体主义的合乎逻辑的嫡传。我们接着往下读，看作者如何解决这个矛盾。

如今，摆脱所有自然联想而获得的自由是否可以被看作是立体主义的逻辑延续，与当前的讨论关联甚微。但莫霍里－纳吉是否真的清除了作品中所有的自然主义内容，却多少是个值得讨论的问题；他确信立体主义指明了形式解放的方向，这种似是而非的信念却使我们有理由认为对其作品之一进行分析，并将其与另外一个后立体主义者的绘画作品进行比较，是很有必要的事情。其一为莫霍里－纳吉 1930 年的《拉撒拉兹》(La Sarraz，图 6)，其二为费尔南·莱热 (Fernand Léger) 1926 年的《三副面孔》(The Three Faces，图 7)。[16]

在《拉撒拉兹》中，5 个圆由一个 S 形纽带联结在一起，两组透明色的梯形平面、一些近似于水平或垂直的粗线条、四处飞溅的亮点和暗点，以及很多略呈汇聚的

⑯ 本段指出：需要通过实例对比来判断莫霍里－纳吉的话的真实性。此为过渡段之二，分析莫霍里－纳吉的话，引出第三组例子。理解要点：这一段，作者直接抛出对莫霍里－纳吉的怀疑。我们再一次看到“自然联想”“自然主义”这些跟“字面的透明性”相关的词。第一句话可看作对莫霍里－纳吉的轻微调侃，因为根据之前段落我们知道，立体主义绘画里常同时包含“两种秩序”，物象依旧存在。摆脱所有自然联想，根据作者的观点，绝不是分析立体主义的逻辑延续，像德劳内那样破坏了结构只求形似是对立体主义的误解。但作者举出第三组例子，分别是莫霍里－纳吉和费尔南·莱热，却有另一重隐含的意思。熟悉建筑史的读者可能了解莫霍里－纳吉和格罗庇乌斯的关联，也清楚费尔南·莱热与勒·柯布西耶的友谊。再者，前者属于德国包豪斯学派，跟风格派和构成主义也有关联；后者扎根巴黎，一般认为是分析立体主义的延续。这样就自然过渡到本书的第二部分，引出关于建筑的讨论。甚至可以认为，之前两组例子是为了推出这第三组例子而精心调配的铺垫。

图 6　拉撒拉兹　莫霍里 – 纳吉
　　芝加哥当代艺术博物馆　62cm×47cm

虚线，所有这些元素都一股脑儿堆放在暗色的背景上。在《三副面孔》中，三个主要区域分别表现有机形状、抽象人造物及纯几何形，通过水平线条的贯穿和共同轮廓线的烘托，三者联系在一起。与莫霍里不同的是，莱热的构图元素彼此之间表现为直角关系，并与画布边缘垂直；通过平涂的不透明色来表现对象；以紧凑的组织方式来处理高度对比的平面，从而建立图底关系的解读方式。莫霍里好像猛然推开了一扇窗，将外部空间的私密景象一下子展现在人们的眼前；而莱热则通过几乎全部是二维的主题，实现了“底”和“图”最大程度的明晰纯粹。莫霍里在阅读乔伊斯时敏感地察觉到的那种透明，在他自己那些显然是物理透明性（physical transparency）的画作中付诸阙如。而通过设定限制，莱热在画作中实

图 7　三副面孔　费尔南·莱热
私人收藏，纽约　96cm×140cm

现了一种不可言喻的深度阅读的可能性，让人不可思议地联想起莫霍里敏锐感觉到却无法最终达到的境界。[17]

---

⑰　本段指出：莫霍里的绘画是“物理的透明性”，而莱热的绘画是“现象的透明性”。此为对偶例证的第三组，当代作品的对比。理解要点：本段没有谈相似性，直接谈区别。前两句先对两幅绘画进行描述，其中使用的关键字，如“梯形平面”对应前文的“斜线”，“直角关系”对应“水平线和垂直线”，也就是“正面视点”。其他如“透明色”让我们联想到毕加索和德劳内，而“平涂的不透明色”跟布拉克和格里斯相似。前者是“暗色背景”上的主体，图底关系明确；后者是“高度对比的平面”，图底关系暧昧。这里作者使用了一个特别的比喻，他把莫霍里的画比作推开了一扇窗。这个“窗口视野”在艺术史上

尽管莫霍里－纳吉的画作表现现代主题，可是仍然可以从中看到传统的、立体主义之前的前景、中景和背景；而且，尽管平面和元素看似随意地交织在一起，似乎意图摧毁纵深空间的秩序，莫霍里的画作却只呈现出单一的解读方式。[18]

是有特定含义的，它与文艺复兴以来的一点透视（也就是典型的对角线视野，用斜线代表深度）有关系。作者做完以上对比后，用两句话下断语，读者这才明白，原来本段分析是围绕第5段莫霍里谈论乔伊斯的文字展开的，莫霍里在那段话里设定了“文本深度”的标准，作者认为莫霍里本人的作品无法达到这个标准，而莱热却达到了。作者在这里再一次使用了“物理的透明性”，并与“字面的透明性”等价。

⑱ 本段指出：莫霍里绘画尚未建立立体主义的空间秩序。作者对莫霍里绘画中的问题深入解析，指出他的言行落差。理解要点：这句话完全针对第15段莫霍里的自我判断，呼应第16段作者对他的怀疑。此段证明之前的怀疑是有道理的：莫霍里根本就无法如他所说般“清除了所有自然联想”，相反，他的绘画从内容到形式充满了传统元素，“只呈现出单一的解读方式”，没有任何隐喻意，全部都是“字面上的”、直白袒露的。至此，读者随着作者，对莫霍里的态度完全转向负面，也意识到第5段对莫霍里的正面态度实为伏笔，让他食言自肥。

另一方面，费尔南·莱热艺高人胆大，将后立体主义的种种主题结合在一起，画面中形式格外清晰，却容许多元丰富的解读。通过平涂的平面，通过似有实无的体量，通过暗示的而不是实际存在于画面中的网格，通过被色彩、被毗邻或离散的叠置图形打破的棋盘格图案，在莱热的带领下，我们踏上了一系列无穷无尽、或大或小的构图之旅，它们变化无穷，却都统一在一个整体中。莱热关注形式的结构，莫霍里则关注材料和光线。莫霍里接受了立体主义的形式，却把它们从空间结构中抽离出来；莱热则保留并强化了典型的、存在于主体与空间之间的立体主义构图张力。[19]

---

⑲ 本段指出：莱热绘画完美实现了立体主义的构图张力和空间语言。为第三组案例的最后一组比较，并与前两组案例呼应。理解要点：这段先对莱热不吝赞美，之后转入快节奏的对比，言辞犀利，彻底揭穿莫霍里的自我陶醉。作者首先赞美了莱热的水准(refined virtuosity)，然后解释原因：莱热实现了连立体主义者都无法实现的目标，即在保持物象完整（ clearly defined form ）的基础上，实现空间张力，容许多元解读。作者继而具体描述实现张力的手段，都是我们耳熟能详的现象透明性特征，如平涂的平面和正面视点等，最后说它们“统一在一个整体中”。最后两句，一句一组对比，都具有极大杀伤力。第一组说莱热关注形式深层的结构，莫霍里关注材料和光线；第二句说莱热保存了立体主义的空间张力，莫霍里则买椟还珠，徒有其表。简直就是第二组例子中格里斯和德劳内对比的翻版。至此，经过缜密的铺陈和伏笔，慢慢抛出关键词，引导读者随着作者思路对比案例并发现不同，终于在此收网，读者方才恍然大悟：原来这些熟悉的词汇，以及在其他案例中逐步建立的观念，都是为了这最后关头的致命一击。

通过以上三组比较，我们大体了解了存在于过去50年绘画领域中的“字面的透明性”和“现象的透明性”之间的基本差异。我们注意到，“字面的透明性”与置身于自然的纵深空间中的透明物体的所谓“视错觉效应”（trompe l'oeil effects）密不可分；而当画家力求采用正面视点精准表现置身于抽象的浅空间中的事物，“现象的透明性”就有了用武之地。[20]

⑳ 本段指出："字面的透明性”和“现象的透明性”各有其具体“用法”，“透明性”概念具有“多层含义”。此为全篇第一大部分的结论。理解要点：环环相扣、细致深入的本论之后，轻轻抛出结论，言简意赅，令人信服。紧扣正文第一段："我们了解它们的用途，但很少有人认真分析其用法。”所以结论谈用法。而透明性概念的多层含义，就是在具体的使用语境中得到澄清的。第三次提到“抽象的浅空间”，与“自然的纵深空间”相对，读者已经可以对二者的区别、各自对应的透明性种类心知肚明。“视错觉效应”与前文“窗口视野”相呼应，都在强调焦点透视法用二维表现三维的传统形式语言，即对角线视点。段末再次强调“正面视点”，自然引入第二大部分关于真实建筑和物质空间的讨论。全文清楚明白，前后呼应，定义精准，没有废话。

2

当我们离开绘画，转而思考建筑学中的透明性时，问题出现了：在绘画中，三维空间只能通过间接的表达来暗示，而在建筑中，它却成了无法回避的事实。鉴于三维空间在这里是真实的而不是虚拟的，建筑中的“字面的透明性”成为客观事实。可是，正因为此，“现象的透明性”却更难实现；讨论这一问题面临很大的难度，结果批评家们普遍愿意将建筑学中的透明性完全等同于“材料的透明性”。有鉴于此，戈尔杰·凯普斯在对布拉克、格里斯和莱热绘画中的表现形式作出了近乎经典的解释之后，却认为建筑学中的对等特征只能从玻璃或塑料等材料的品质中去发掘；而在绘画中呈现出来的精到的构图组织，则只能依靠透明或抛光的表面上的反射或光影游戏偶然达到的交叠效果。[7] ㉑

㉑ 本段指出：建筑是三维的、物质的，因此“字面的透明性”是客观事实；“现象的透明性”却更难实现，所以被等同于材料的透明性。此为第二大部分开篇第一段，承上，指出建筑和图画在空间视知觉方面的区别。理解要点：第一大部分的核心观点之一就是“现象的透明性”来自形式语言的高阶技巧——暗示或隐喻。但在三维物质实体的建筑中，这一技术是否还能派上用场呢？这是作者留下的一个悬念。这一段将绘画与建筑进行比较，指出一个事实：绘画实际上是在用二维平面模拟三维空间。在现实世界，透明不透明，一目了然，无法靠“视错觉”来代表，因此，哪怕是凯普斯这样引导作者发现了“现象的透明性”的理论家也犯了错误，以为建筑中的透明性只能依赖透明材料的光影游戏，这一态度，跟第 17 段中的莫霍里如出一辙。作者在第一大部分中对凯普斯一直持强烈的正态度，在这里却是轻微的负态度。这种态度的转变预示着从这里开始，作者将踩着前人的肩膀向未知领域进发。

同样，希格弗莱德·吉迪恩也曾评价包豪斯那一面全玻璃的幕墙（图 8），说它提供了“无限宽广的透明区域”，也有“悬置在空中的平面和彼此交叠的关系，就好像在当代绘画中所见到的那样”；他进而引用阿尔弗雷德·巴尔在评价分析立体主义那些“透明而彼此交叠的平面”时所说的话来为自己作进一步的证明。[8] ㉒

㉒ 本段指出：吉迪恩也将建筑中的透明性完全等同于材料的透明性。此为第二大部分开篇第二段，启下，抛出整篇文章的假想敌。理解要点：作者终于在第二大部分开篇请出吉迪恩，这位现代建筑的理论旗手、美国建筑教育界的泰斗，迎他到莫霍里－纳吉一方，扮演后续关卡中的敌方大 boss。其实吉迪恩的身影在第一部分已经隐约出现，比如在第 8 段谈到“融合了时间与空间因素的滔滔解说”，我们都知道吉迪恩最重要的著作就是《空间·时间·建筑》，这本书 1941 年出版之后，在世界范围内造成很大影响。有理由相信，作者读到吉迪恩某段文字中对包豪斯校舍的“透明性”的阐述，又看到他对阿尔弗雷德·巴尔的引用，深感大谬不然，才萌生了撰文反驳的念头。在第 8 段，作者引用巴尔的话说（纪尧姆·阿波利奈）“用一种隐喻的而不是数学的感觉……唤起了第四维度”，而吉迪恩的观点在此终于抛出，竟然跟凯普斯和莫霍里一样，在一种“字面的”水平上去理解物质世界的透明性，没有进入语言的高级层次。作者采用的驳论手段跟批驳莫霍里一样，让吉迪恩陷入自我矛盾。我们可以再次确认，作者之所以用“字面”这个词，隐含的意思就是“肤浅”。

毕加索的画作《阿莱城的姑娘》(L'Arlésienne，图 9) 为这种视觉想象提供了具体参考。在这幅画中，那种透明而彼此交叠的平面随处可见。毕加索采用电影胶片一样的平面，观者透过这些平面来捕捉形象。在观察画面的时候，他的观感无疑同包豪斯工作室一翼假定的观察者有彼此类似的地方。两个例子都与透明的材料有关。但是，在画中横向布置的空间结构中，毕加索通过对或大或小的形式进行编辑组织，提供了多重解读的无穷可能。但对于包豪斯的玻璃幕墙来说，作为客观实体毫无暧昧不明之处，似乎彻底与这种性质无关。故此，为了寻找所说的现象透明性的证据，我们只好转而求助于其他建筑作品。[23]

㉓ 本段指出：毕加索绘画中的“现象的透明性”，在包豪斯工作室一翼的建筑中没有体现。此为例证开始前的过渡段，引出下面的正反对偶例证。理解要点：作者在第二大部分中对毕加索的评价改变了。在此，毕加索的画作是作为包豪斯校舍的反面出现的，因为它“提供了多重解读的无穷可能”，这正是“现象的透明性”的潜力。之前说“透明而彼此交叠的平面随处可见”，“与包豪斯工作室一翼……彼此类似”，是因为立体主义绘画一般都同时包含两种透明性。我们仔细观察这幅画，在面孔的部分不难发现正脸、侧脸的多种排列组合。这在客观实体组成的现实世界中是不可能的，因其“毫无暧昧不明之处”。然而，是否有现实的建筑能与立体主义画作相媲美呢？说到这里，作者自然而然地引出勒·柯布西耶的作品，并与包豪斯校舍形成正反对偶。跟第一大部分不同，第二大部分谈建筑只有一对正反对偶例证，却从第 24 段一直延续到第 39 段，可谓浓墨重彩。

图 8　德绍包豪斯，工作室一翼 格罗皮乌斯
摄影：卢西亚·莫霍里，泽立康

图 9　阿莱城的姑娘 毕加索
W.P. 克莱斯勒藏品，纽约 73cm×54cm

勒·柯布西耶的加歇别墅（villa at Garches）与包豪斯校舍属于同一时代的作品，拿来作比较是很好的例子。表面上看，这座住宅面对花园的立面（图10）与包豪斯工作室一翼的立面不无相似之处。二者都采用悬挑楼板，都有底层退进；二者都不允许干扰因素打断玻璃的水平延伸感，也都有玻璃转角。但共同之处仅此而已。你可以说，勒·柯布西耶主要应用玻璃的平面属性，而格罗皮乌斯更注重玻璃的透明属性。勒·柯布西耶通过使用与玻璃划分几乎等高的墙面，强化了玻璃的平面效果，并为玻璃面带来了整体张力；而格罗皮乌斯则让他的透明表面从檐口上类似窗帘盒般的水平系带上松松垮垮地悬垂下来。在加歇别墅，我们能够愉快地猜想，很可能窗框紧紧绷在墙体的外表面；而在包豪斯，由于我们无时无刻不注意到楼板在玻璃后面逐层升起，所以无论如何也不能做出那样的推测。[24]

㉔ 本段将加歇别墅面对花园的立面与包豪斯校舍工作室一翼的立面进行比较，为对偶例证第一段。理解要点：作者开头就说两个建筑“属于同一时代的作品，拿来作比较是很好的例子”，其实是掩饰举例不太对仗的事实。这两个建筑，无论尺度、规模还是类型，差别都不小。这次比较，依旧还是先同后异。相异之处一言以蔽之：勒·柯布西耶注重玻璃的“平面属性”，而格罗皮乌斯注重玻璃的“透明属性”。前文已说清楚，作者谈“平面”往往与“现象的透明性”有关，而谈“材料”往往与“字面的透明性”有关。之后，作者又从两个方面追加阐释，具体说明其区别何在。这两个方面又是递进关系，因为“窗框紧紧绷在墙体的外表面”就是“平面效果＋整体张力”；而“楼板在玻璃后面逐层升起”的结果就是让玻璃脱离了主体结构，而显得“松松垮垮”。作者的褒贬，又是通过一些带感情色彩的词，如“愉快地”“松松垮垮”等加以强调。

图 10　加歇别墅 勒·柯布西耶
勒·柯布西耶全集，第一卷，1910 ~ 1929 年，Verlag für Architektur，苏黎世

加歇别墅的底层，被设计者构思为一个垂直的表面被水平延伸的窗子打断（图 11）；而包豪斯的底层则仿佛实墙面被大面积的玻璃代替。加歇别墅具有明晰的框架，展现出悬挑楼板与支撑结构的关系；包豪斯则由一些短粗的墩子支撑，很难想象其中的每一个墩子与整体骨架结构之间到底有什么关联。就包豪斯工作室一翼而言，似乎格罗皮乌斯只是想设置一个基座，再把一系列水平楼板安置在上面（图 12）。他最关注的，好像是希望人们透过大片的玻璃墙面隐约看到两层楼板（见图 8）。但在勒·柯布西耶眼中，玻璃似乎没有那么大的魔力；而且，尽管人们可以透过他的玻璃看到对面的事物，显然这座建筑的透明性并非通过这种方式来表达。[25]

㉕ 本段指出：加歇别墅与包豪斯校舍工作室一翼的形式 - 结构逻辑不同，为对偶例证的第二段。理解要点：继续上文的比较，指出加歇别墅有“明晰的框架”，“展现出悬挑楼板与支撑结构的关系”，这是在谈建筑外部形象和内部组织之间的对应关系。读者可以从“支撑结构”联想到第一大部分中塞尚绘画中的水平垂直线网络。相比较而言，包豪斯工作室一翼则缺乏类似的形式 - 结构逻辑，它的造型没有深层组织关系的支撑，只剩下肤浅的材料表现。

图 11　加歇别墅 勒・柯布西耶
　　现代建筑，勒・柯布西耶和皮埃尔・让纳雷，Morancé，巴黎，1929

图 12　德绍包豪斯，工作室一翼 格罗皮乌斯
　　包豪斯档案，造型博物馆，柏林

加歇别墅立面底层退进的空间深度通过屋顶上两片独立墙片再次加以强调，屋顶平台也结束于此；同样的深度控制手法在侧立面通过一组玻璃门来实现，它们成为水平带状长窗的结束。通过这种方式，勒·柯布西耶提出一个概念，即紧贴在带状玻璃后面有一条狭长的并行空间；无疑，推理可知，它进一步暗示着另一个概念——在这条狭长空间内侧紧挨着它的地方存在着一个界面，底层墙体、屋顶的自由墙片和内部门侧的墙体都是它的一个组成部分。很显然，这个界面并不真实存在，它只存在于概念和想象中，我们可以无视它、忽略它，却不能否认它。认识到由玻璃和混凝土所组成的实际界面和其后那个想象的（但几乎与前者一样真实）界面之间的关系，我们终于明白，此处透明性并未以玻璃窗为中介，而是通过唤起我们的一种感觉，即“互相渗透，但在视觉上不存在彼此破坏的情形。”㉖

㉖ 本段指出：加歇别墅通过三维空间语言实现了“现象的透明性”。开始立面分析，提出第二个界面的存在。理解要点：对偶例证暂停，从这一段开始，一直到第33段，作者开启了“局中局”，深入剖析加歇别墅中的“现象的透明性”，并与莱热的《三副面孔》进行比较。这一部分本为主线之外宕开一笔，之前未有先例；然而篇幅之长，足以证明加歇别墅在全文中的地位。这一段理解的难点是一个平行于主立面但事实上并不一定存在的、完全靠想象和推测而浮现在脑海中的“界面”。底层退进的深度、屋顶墙片的端点，都位于同一个平面上，加上侧面玻璃门的宽度，共同界定了两个平行界面间的一层浅空间。它的存在，依靠的是建筑形式语言的“暗示”，只提供一个无表情的正面，没有任何关于空间深度的明示，比如透明玻璃后面的景象、向焦点汇聚的斜线和近大远小的空间物件。尽管如此，我们却可根据立面本身的蛛丝马迹来推测空间。段末，作者指出勒·柯布西耶在建筑中实现的“透明”现象，符合凯普斯的定义。

这个两重界面还不是全部；第三重独立的界面不但客观存在，也预留了观察的线索。它限定了屋顶花园的后墙和顶层阁楼，又在大量平行元素中得到重申，包括面向花园的楼梯和二层露台的护板，以及屋顶平台的女儿墙（见图 10），等等。这三重界面就各自本身来说都是不完整的，甚至可以说是片断的。但正是以这些相互平行的界面为参照，立面组织得以实现。而且，它们还共同暗示着建筑内部空间在垂直方向上存在着一组彼此平行的“分层”，一个贴着一个，向纵深方向延伸。[27]

㉗ 本段指出：加歇别墅内部是由一组并行的、向纵深方向延伸的空间组成。继续立面分析，深入剖析加歇别墅的空间分层组织。理解要点：在这一段中，读者发现上一段在作者引导下逐渐明晰的“第二重界面”只是解读一种独特空间组织模式的切入点。好像面对一幅立体画，随着观看时间的延长，物体的轮廓开始从一堆毫无意义的点阵中逐渐浮现。现在，作者延续上一段的“暗示法”，从立面中解读出了第三重界面，即二层平台后墙所在的垂直面，也是屋顶阁楼面向花园的立面。作者还轻描淡写地提到了“不完整的”第四重界面，即“面向花园的楼梯和二层露台的护板”，在此基础上，作者谨慎地提到，可以将加歇别墅的空间形态看成“内部空间在垂直方向上彼此平行的分层关系”。在这两段中，作者明明描述着莫须有的东西，读者却仿佛看见真实存在的“界面”，引导人们“看见”被掩盖的深层结构。

这套空间层化系统，表明勒·柯布西耶的立面与莱热的绘画之间具有最紧密的联系，前文已对后者进行了分析。在《三副面孔》当中，莱热把自己的画布想象为塑进浅浮雕中的一块区域。在他的三个主要母题之间（它们相互层叠、榫接、交替包含或排斥对方），有两个被植入几乎同等的景深关系当中，而第三个作为“侧景”充当了两者之间的过渡或说明，它所交代的空间关系既是退后的，又是前移的。在加歇别墅中，勒·柯布西耶将莱热对画中平面的关注转化为对正面视点的最高程度的关注（最佳视角至多略微偏离正面视点）；莱热的画布变成勒·柯布西耶的第二重界面；其他界面无论是叠加于其上，或者是从中镂去某些部分，都围绕这个基本界面来完成。通过类似的方式来实现空间深度，将立面切开，挖去一些部分，再把其他部件插入留下来的空位中（见图 11）。㉘

㉘ 本段指出：勒·柯布西耶的立面与莱热的绘画之间具有最紧密的联系。具体讨论勒·柯布西耶的立面和莱热的绘画之间的联系，在文章的前后两部分之间建立桥梁。理解要点：到这一段，读者恍然大悟，原来第一大部分从头至尾都在为解读加歇别墅埋下伏笔。所有关于绘画的讨论，是为了引出莱热的《三副面孔》，而《三副面孔》正是解读加歇别墅立面的钥匙。在此，作者将这一空间结构正式命名为“空间层化系统”(spatial stratification)。这一概念的提出为后人理解勒·柯布西耶的前期作品提供了一个重要途径。作者在谈到莱热的时候先说“前文已对后者进行了分析”，然后接下来的文字显然不是前文的简单复述，而是更进一步，从三维层面进行深入剖析。莱热的画在交代空间深度方面的独特性是什么呢？就是只提供平涂（无光影）的正面（无透视线），取消了任何明示空间深度的造型语言。作者认为，勒·柯布西耶之所以在公共出版物上发表作品的时候只选正面视点，其意图与之类似：只留线索，不做明示。即使是真实的三维实物，也不采用任何直接交代空间深度的技术，而将三维空间二维化，让感知过程表现为依赖直觉和经验的联想，从而提高浅空间的可读性。这是对“三维”的隐喻式表达，它建立在对语言局限性的洞察之上。作者对二者相似性的精确描述是最后一句：“莱热的画布变成勒·柯布西耶的第二重界面；其他界面无论是叠加于其上，或者是从中镂去某些部分，都围绕这个基本界面来完成。通过类似的方式来实现空间深度，将立面切开，挖去一些部分，再把其他部件插入留下来的空位中”。这段话不只是“认识”，其实已经可以看作“方法”。

可以推知，在加歇别墅中，勒·柯布西耶已经成功地将建筑同其真实的三维存在离析开来。为了证实这一说法，有必要对别墅的内部空间进行一次讨论。[29]

㉙ 本段指出：在加歇别墅中，勒·柯布西耶将三维“离析”为二维。此为过渡段，此后从立面分析转向平面分析。理解要点：这段只有一句，却颇为费解。什么叫“将建筑同其真实的三维存在离析开来”？其答案蕴含在前后文内容的转折中。之前，作者用3段（第26~28段）的篇幅讨论加歇别墅的立面及其与莱热绘画的关系。之后，作者同样用3段（第30~32段）的篇幅讨论加歇别墅的平面及其与莱热绘画的关系，并以第33段为前7段作结，完成了这个一唱三叹的“局中局”。何谓“真实的三维存在”？——现实世界中“建筑物”自有的空间深度。何谓“离析”？——将建筑物压缩拍扁，成为图纸上的一张正面标准照，将三维物件压扁成为二维图形。alienate可以翻译成“离析”，也可以翻译成“异化”。“异化”是一个抽象的词，“离析”更为具象但不够准确。对于有心的读者来说，理解上并不存在真正的困难。两种译法都指向同一个结果：勒·柯布西耶让三维的建筑变成二维的“面”，从而从深度中离析出来，好像油脂浮上水面，成为一张薄膜。然后，通过观看这个无深度的“膜”，在头脑中想象空间深度。想象的深度无论如何跟切身感知的深度不同，却存在某种内在关联。在前3段，作者深入剖析了“想象的深度”（立面），之后将直接面对“真实的深度”（平面），并阐释二者之间的关联。那么，让我们跟随作者，看勒·柯布西耶如何将三维“离析”为二维。

乍看上去，这一空间几乎与立面完全矛盾；尤其是主要层，即二层平面（图13），图式所揭示的体量组织几乎与我们的期待大相径庭。花园一面的开窗方式提示玻璃背后可能存在一个单一的大空间，它又让我们确信这一空间在长方向上同立面相互平行。但是，实际内部空间划分否定了这一推测：主体空间的长方向与我们推测的长方向恰好垂直。而且，不管是主体空间还是辅助空间，这个方向都明显占据优势，并且通过一系列侧墙得以强化。㉚

这一层的空间结构显然比表象复杂得多，它最终迫使我们对早先的推测作出修正。从平面上看，悬挑楼板的结构更加明确；餐厅的半圆形凸起强化了平行元素，而主楼梯、透空部分和书房的位置安排都再次强调了这一格局。这样看来，可以说立面的界面对内部空间的纵深发展产生了难以估量的影响。如同外部形态所暗示的，内部空间表现为一系列扁平空间的连续分层序列。㉛

㉚ 本段指出：加歇别墅的“想象的深度”（立面）与“真实的深度”（平面）之间存在矛盾。作者开始平面分析，欲扬先抑，指出二维与三维的矛盾。理解要点：“平面”当然也是二维的，但在已经提供立面的基础上谈平面，等于增加了进深方向的一个维度，所以谈的是三维。矛盾出现了：进深方向的空间结构，与之前凝视立面时的推测正好相反。在主要层也就是二层，从分隔墙的方向可以看出，主体空间是垂直于花园立面横向并联的，而不是平行于花园立面纵向串联的。这在平面上有确切的证据，且看作者如何解套。

㉛ 本段指出：加歇别墅平面和立面之间的矛盾，从深层解读就不复存在了。作者继续平面分析，深挖空间结构，实现反转。理解要点：本段一开篇就说“空间结构比表象复杂”，继续剥开“表层”看“深层”。通观全文，作者一直在引导读者“透过表象看本质”，从毫无线索可循的“正面”图像中读取三维空间纵深，更进一步读到隐含的空间结构。而在这种“抽丝剥茧”的游戏中，本段可以说是剥到最深的深处。作者左右互搏，在几乎不可能的情况下翻身。作者论证平行空间的存在是从平面上的空间要素入手的，首先谈“悬挑楼板”，其实就是第26段中所说的紧挨着立面后并行的浅空间，在平面上下各窄窄一条，是确实存在的。在平面主体部分貌似竖向划分的3个部分，仔细观察确有横向扩展的倾向，只是因为功能需求，不得不左右并联。作者举了4个细节：一个是餐厅的半圆弧墙，它的轴向平行于立面；再者，主楼梯、两层透空的部分和书房，也都是横

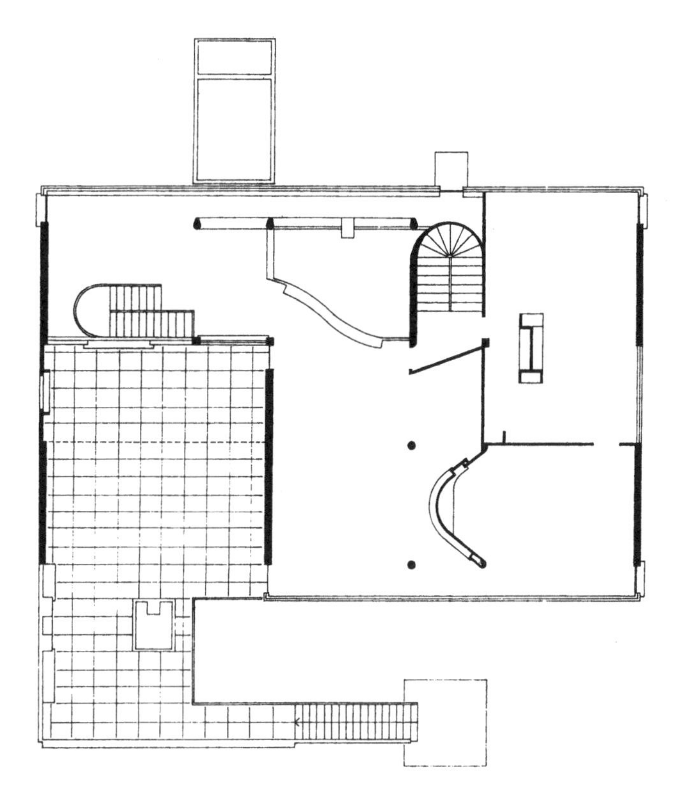

图 13　加歇别墅 勒·柯布西耶
二层平面

向布局。从使用者的感受来说，这一层平面中多数房间从内部感受都有横向延伸的倾向。然而作者接着说："立面的界面对内部空间的纵深发展产生了难以估量的影响"，这已经是用理论来套事实，很显然，立面应该是内在空间结构的外显，而不是反过来，先有立面后有纵深发展。但是作者这么说也没什么问题，从文章自身的逻辑结构来说，的确是从立面开始讨论，逐步延伸到内在，将纵深空间的格局看作立面的延伸也未尝不可。最终，"外部形态"和"内部结构"达到了统一，内部表现为"空间层化系统"，作者的左右互搏，终于大功告成。

因此，通过垂直界面来解读内部空间，似应不惜笔墨；而进一步解读由各层楼板所代表的水平界面，则将带来类似的发现。在此，我们不妨采用与立面分析非常类似的方法对水平界面展开分析，并把莱热的《三副面孔》再次作为出发点。但在此之前，我们必须建立一种认识，即楼层不是墙壁，界面不是图画。加歇别墅中，处在同一平面上的阁楼和椭圆形小室的屋顶、独立墙片的顶端和那个非常精巧的瞭望台的顶部，对应着莱热画作中的第一重平面（见图 11、图 14）。而画作中的第二重平面现在对应着主体的屋顶平面；楼板上挖去的部分露出下面的露台，则对应着画作中“侧景”的一层。在考察主要层（即二层平面）的组织方式时，同样的平行分层关系也是显而易见的。此处，垂直方向上的纵深空间，依靠外部露台的两层通高和内部连接起居室与入口大厅的透空部分来构成呼应关系。莱热通过将处于外部的图层的内边缘进行位移和错动来增加空间深度，勒·柯布西耶则通过在别墅空间的核心部分挖洞来实现同样的效果。[32]

这座住宅充满了一种空间维度上的矛盾，也正是凯普斯所指出的透明性的特征之一。在事实与想象之间，辩证的往还片刻不曾停歇。浅空间的暗示不断遭到

㉜ 本段指出：关于“空间深度”的暗示性解读同样可施加于水平楼层。此为平面分析的最后一段，化平面为立面，延伸解读。理解要点：在这一段中，作者拍案惊奇，将坐标轴沿 X 轴转了 90° 。之前谈平面、讨论“空间深度”，是以正对建筑正立面站立的人为出发点，空间深度在 Y 轴方向；现在作者决定让人水平飘浮在空中向正下方俯瞰，将 Z 轴变成 Y 轴，将高度变为纵深，以屋顶平面为立面，来检验透明性法则是否依然适用。这显然是有违常识的，所以作者要先做一个假定，即“建立一种认识，即楼层不是墙壁，界面不是图画”，为坐标系的反常旋转做铺垫。故此，平面讨论不同于立面讨论，不再是层层递进关系。通过作者的分析，我们得知水平楼层间的透明性关系也是存在的，实现的手段就是“将立面切开，挖去一些部分，再把其他部件插入留下来的空位中”，只是此时切开的不是立面，而是平面。两层通高的吹拔空间等同于立面上的二层花园露台，亦即“在核心部分挖洞”。

深空间的现实的反驳，结果张力越来越大，深入解读的动力由此产生。将建筑体量纵向切割的 5 个空间层次和横向切割的 4 个空间层次无时无刻不在呼吁关注，这样的空间网络将引发无穷无尽的动态解读。[33]

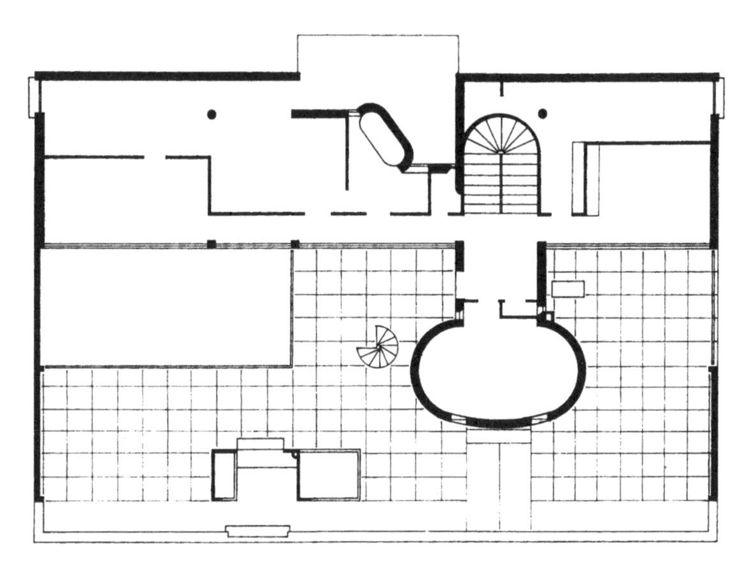

图 14　加歇别墅　勒·柯布西耶
屋顶平面

㉝　本段指出：加歇别墅的空间维度矛盾正是深入解读的动力。此为加歇别墅个案分析的总结段落，以下回归主线。理解要点：在铺陈了 7 段之后，“局中局”终于在此收尾，作者对加歇别墅的深入解析告一段落。段首再次提到“空间维度上的矛盾”，之后都是具体解说这个矛盾的内容，如事实和想象之间的辩证关系、深空间和浅空间之间的张力、浅空间序列在不同方向上的排列等。纵向上切割的 5 层，即与立面平行，4 排柱跨所界定的 3 层加上南北两个方向的悬挑部分；横向切割的 4 层，即 3 个楼层加上阁楼和屋顶花园共同定义的一层。它们共同构成了“空间网络”，但呈现在观众面前的只是立面和屋顶平面，其空间深度方面的感知依靠暗示和想象。以上 8 段，绵密周详又不乏想象力，将绘画和建筑中的透明性问题一体化阐释，讨论不同维度上空间视知觉的特征，为解读勒·柯布西耶纯粹主义时期的建筑语言奠定了理论基础，是整篇文章的精华所在。

在包豪斯校舍建筑中，我们很难发现同等精巧的智力构造；事实上，理解这种空间属性要求细致耐心，与浮光掠影的材料美学真是格格不入。在包豪斯校舍的工作室一翼，曾令吉迪恩赞不绝口的东西，不过是“字面的透明性”而已；而加歇别墅中引起我们注目的才是“现象的透明性”。假如有些原因导致我们把勒·柯布西耶的成就与费尔南·莱热联系起来，基于同样的判断，我们会注意到格罗皮乌斯与莫霍里－纳吉趣味上的相似之处。[34]

㉞ 本段指出：包豪斯校舍是“字面的透明性”，而加歇别墅是“现象的透明性”。此为对偶论证的收尾，是对第 24 ～ 33 段的大总结。理解要点：这段清楚明白地将包豪斯校舍和加歇别墅划入透明性的两个阵营。三句话，三层意思。第一句：加歇别墅的空间结构表现为精巧的智力构造（cerebral refinement），而包豪斯校舍的材料美学是浮光掠影（apt to be impatient）。其深层含义，依然是前者精微，后者肤浅，因为“浮光掠影”，原文是“不耐烦”，说到底就是囫囵吞枣、无意深究。结果，就把“现代”等同于一种表面材质的属性——亮晶晶、反射与折射。第二句：吉迪恩赞赏包豪斯工作室一翼，属于“字面的透明性”。呼应第 22 段，给吉迪恩下定论。“我们”则因为能够识别加歇别墅中的“现象的透明性”，而与吉迪恩划清了界限。第三句：“我们”、勒·柯布西耶与费尔南·莱热是一边；格罗皮乌斯、莫霍里－纳吉与吉迪恩是另一边。这一段三下五除二，让主要出场人物拉手谢幕。《透明性》一文采用明确的二元结构，在行文和观念上都是相当古典的。在提到我方人物的时候，作者不吝赞美之词，如 refinement、achievement；提到彼方人物的时候，用的就是 impatient、community of interest 等，很像小时候读过的通俗演义。文章到这里其实可以结束了，但作者意犹未尽，又用第 35 ～ 39 段进行二次谢幕，让主要人物和他们的亲友团反复登场，对上述结论进行补充说明。

莫霍里一直迷恋玻璃、金属、反射材料和光线的表现；而格罗皮乌斯，至少在20世纪20年代，似乎同样执迷于探索材料内在品质的想法。公允地说，二人都从风格派（De Stijl）与俄国构成主义者（Russian constructivists）的实验中得到了一些启发；但他们显然都不愿意接受来自巴黎方面的形式探索结果。[35]

似乎正是在巴黎，立体主义者"发现"的浅空间得到了最大限度的开发。也正是在那里，人们最大限度地领悟了绘画平面何以在整体上具有均等的活性。有了毕加索、布拉克、格里斯、莱热和奥赞方，我们再也不会认为绘图平面扮演着被动的角色。作为"底"的背景和摆放于其上的、作为"图"的物品，都具备了同等的潜能。巴黎之外，这种情形并不普遍，尽管皮特·蒙德里安（Piet Mondrian）、一位"过继"的巴黎人，可以看作一个主要的特例，另一个特例是保罗·克利（Paul Klee）。反观康定斯基（Kandinsky）、马列维奇（Malevich）、李西茨基（El Lissitzky）或凡·杜伊斯堡（Van Doesburg）的代表作中的任何一件，都揭示出这些画家，就像莫霍里－纳吉一样，几乎从未意识到为他们画中的主体提供一套独特的空间矩阵的必要性。他们倾向于简化处理立体主义者的绘画，将其视作一系列几何平面的构成练习，但都抛弃了对立体主义来说同样重要的空间抽象。正因如此，在他们的绘画中，几何构成漂浮于无尽的、稀薄的、自然主义

㉟ 本段具体指出格罗皮乌斯与莫霍里－纳吉在趣味上的相似之处及其文化渊源，并进一步阐释结论，谈包豪斯系的渊源和特征。理解要点：二次谢幕的第一段，反方亲友团登场。莫霍里和格罗皮乌斯确曾迷恋材料的表面特征，莫霍里尤甚；与二人关联密切的艺术潮流是风格派和构成主义。熟悉建筑史的读者会记起，因为种种原因，这几个潮流都汇聚到德国，在包豪斯发扬光大。最后一句，不仅将前述各流派与"巴黎方面的形式探索"划清界限，也有引出下文的作用。

的虚空之中，毫无巴黎画家那些丰富的层化结构。而包豪斯大概可以看作这类绘画的建筑等价物。[36]

㊱ 本段指出：巴黎的艺术家群体继承了立体主义的“浅空间”（shallow space），发展出二维画面和三维矩阵之间的新型对应关系，衍生出空间层化结构，而巴黎之外的艺术家则没有。这一段承接上一段，进一步阐释结论，谈巴黎系的渊源和特征。理解要点：这也许是《透明性》一文最具启示性的一段。看起来好像是对偶论证，其实全然是在谈巴黎派艺术家的创见。立体主义的真实价值是什么呢？在作者看来，就是一套理解时空的新知觉、一种看待时空的新视野、一套再现时空的新方法。在这种思维方案中，空间呈现为没有起始也没有终结、没有中心也没有周边的“空间矩阵”（distinct spatial matrix），它的二维化的对应物（正投影），就是一张正对观众的“画布”（picture plane），因为没有中心也没有周边，所以画布的各个部分都是等同的，“具有均等的活性”（uniformly activated field），我们可以将其看作三维空间中无限延展的平面的一个局部。与之相反的是文艺复兴的焦点透视，这个焦点，可以是地平线上的一个点（观念的），可以是放射状大道汇聚点上的凯旋门（具体的），也可以是画布中央的一枚苹果（再现的）。而在没有起始也没有终结的无限空间画布（三维矩阵的二维对应物）中，没有任何单一的物品拥有这样的构图魔力，因为这是一个去中心化了的世界，作为背景（negative space）的“空间”和作为主体的“物品”（objects placed upon it）都具备了“均等的潜能”（equal capacity to stimulate）。这就是笛卡尔的数学化了的矩阵空间，它在建筑领域的对等物就是正投影图、建筑的平立剖面。可以说，透明性思维其实深深根植于建筑师年复一年的基本训练中。建筑设计的过程，正是通过二维的“正面”思考三维的“深度”的过程，它之所以可能，是因为“建造”这件事隐含的物质理性，即三维“空间矩阵”，它的现实对应物即是直角正交的框架结构。尽管这一切都像是数学和几何，但作者告诉我们，现象透明性思维的本质是文学隐喻。包豪斯系的艺术家只是借鉴了立体主义的“表象”（字面形式），图底未曾融合，矩阵未曾建立，空间模型是物体漂浮在自然主义的虚空（naturalistic void）之中，如同浩瀚宇宙中孤独的星球。然而这只是表象。与“现象的透明性”的时空观里那种弥散式的匀质网络相比，“字面的透明性”更像是实在论的世界，事物可以独立于经验存在。所谓的“视错觉效应”就是在用二维明示这种三维的“实在”，为心灵提供一个焦点，这个焦点就是二维画面中的消失点。当绘画的中心和周边变为均等时，焦点就涣散了，分析立体主义者更是将线性的时间交叠并置，人们熟悉

因此，在包豪斯综合体建筑中，尽管我们看到了大量板状的建筑，其形式暗示着对形体分层解读的可能，我们却很明白这里并没有任何层化结构的存在。通过考察宿舍楼、行政办公楼和工作室一翼的走向，其二层平面似乎暗示着空间沿同一个方向上的流动（图 15）。通过道路系统、教学楼和报告厅的反向序列，一层平面暗示了空间在另一方向上的流动（图 16）。两个方向之间不存在主次关系

的物质世界也在画面上瓦解了。当延续了数代的视觉转换手段面临失效的时候，人们凭什么相信画家（包括在浅空间中操作形式语言的建筑师）仍在客观描述这个先验的物质世界呢？作者想告诉读者：不要这样想问题，这么想一开始就错了，因为人看世界，靠的不是眼睛，而是脑子里的“时空模型”，你以为这是个有图（positive）、有底（negative）的物质世界，那是因为你仅从“字面”上去看。事实上，并不存在“远近”“大小”“先后”这样的区别，一张画布可以无限宽广，一个立面可以无限深远，一个片段的呈现就是宇宙的总体。画家的工作，是用正投影（三维转二维的最小能量状态）将这一匀质弥散的矩阵空间做片段的截取，读者的任务是先构建同样的时空模型，然后就这个有限的零度画面，用想象力重构无限的浩瀚时空。这就是所谓“先数学化地抽象降维，再文学化地类比升维”。建筑师与画家的区别，在于他调用的不是纯粹的二维平面，而是物质世界里的“浅空间”，但一个立面、一个屋顶平面依然可以被看成一张“画布”，而人的建造，即使跨度数千公里，与物理世界相比依然是“浅”，可是即使是一张无深度的“面”，都可用来想象莫须有的深度，何况实际存在、只是相对有限的真实“深度”呢？关键在于，浅空间之浅，如果以“字面”示人，才真是“浅薄易见”，哪怕像文艺复兴时期的舞台布景或乾隆时期的“通景画”那样借助“科学透视法”来营造“视错觉”，依然是实在论的世界，没有给观者留下任何有深度的想象空间。浅空间的魔力在于“层化的空间结构”（stratification of volume），当规定一个方向为正面，垂直于它的纵深方向就总有柱列形成的“层化空间”，加以适当的阻隔，就出现了深度阅读的可能。作者认为，是立体主义者通过绘画实验，揭开了这一时空魔盒的盖子。“发现”（discover）一词用引号，意味着并不是真正的发现，而是为本已存在的时空模型赋予特殊的观念价值。“浅空间”是具体的操作手段。巴黎的艺术家群体紧随其后，对立体主义者发现的富矿进行了全面采掘，将蕴含在特定时空模型中的潜能转变为画布和建筑空间中的艺术活力。这一切如此耐人寻味，如此富含意义，对于包豪斯系的艺术家来说，就跟没发生一样。

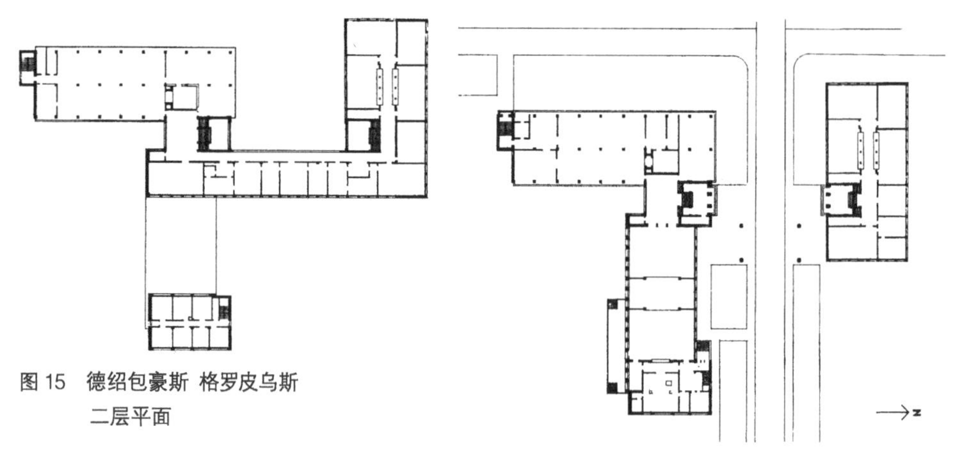

图 15　德绍包豪斯 格罗皮乌斯
二层平面

图 16　德绍包豪斯 格罗皮乌斯
一层平面

(图 17)，由此而来的两难情况通过赋予对角线视点以优先权而得到解决。在这种情况下，也只能这么解决了。[37]

㊲　本段指出：包豪斯建筑没有“层化空间结构”，只适合采用对角线视点来呈现。接续上一段进一步阐释结论，谈包豪斯建筑的缺陷。理解要点：这一段与第 30~31 段呼应，从平面（空间深度）方面，进一步论证包豪斯校舍的“不透明”，亦即外部形态和内在空间序列没有对应关系，无法通过二维来想象三维。论证方式是观察不同层，想象人在其中的运动方式，确认空间的方向动势。作者得出结论：包豪斯校舍的一层和二层，空间延伸的方向互相垂直，不可能从任何单一向度进行想象。为了解决这个矛盾，作者每次呈现这座建筑都用两点透视，让观众看到建筑的一个阳角，这样不偏不倚，哪个正面都别抢戏。as indeed it must be in this case 带有轻微的嘲讽语气，把建筑师引以为豪的得意视角，硬说成了无奈之举。

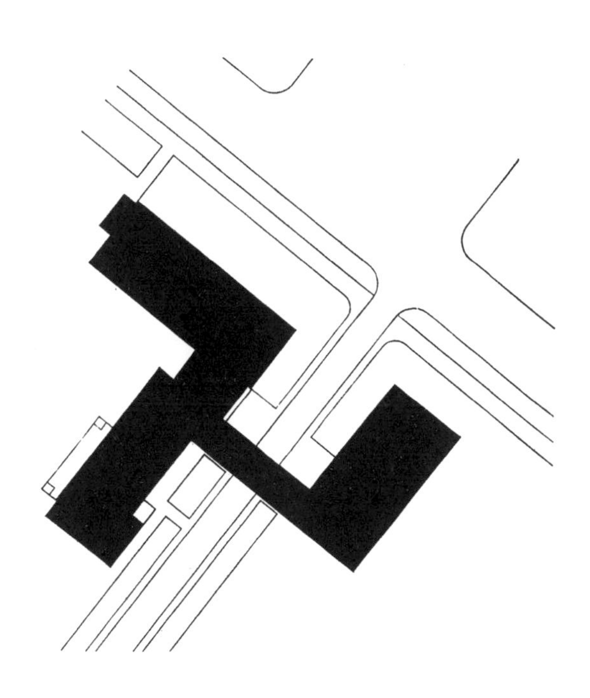

图 17　德绍包豪斯　格罗皮乌斯
总平面

凡 · 杜伊斯堡和莫霍里 – 纳吉回避了正面视点的平面构图，格罗皮乌斯也作出了类似的选择。值得一提的是，在正式出版照片中，加歇别墅（图 19）总是力图尽量避免对角线视点所造成的近大远小效果，而几乎所有包豪斯照片都刻意突出这种效果。通过工作室一翼的透明转角、宿舍楼的阳台、工作室入口的挑板及诸如此类的元素，包豪斯建筑的对角线视点的重要性得到反复重申。这些特征都要求建筑师务必放弃正面视点原则。[38]

---

[38] 本段指出：加歇别墅适合采用正面视点，而包豪斯校舍适合采用对角线视点。接续上段进一步阐释结论，谈视点与再现的法则。理解要点：这一段，作者进一步阐释正面视点和对角线视点的区别，在于前者取消了“近大远小”(diagonal recession) 的空

包豪斯无疑揭示了一系列的流动空间，却谈不上是“空间维度的对立统一”。有赖于对角线视点，格罗皮乌斯将空间的对峙运动具体展现出来，延伸至无限远的消失点；同时，由于不曾为两个运动方向赋予任何显著的个性特征，他规避了任何潜在的不确定性。这样，只有建筑的外轮廓才具有层状特征（图 18）；而这种层状建筑却与层状结构毫无关联，无论是在内部空间还是外部空间。失去了穿

间再现法则。这又是一个值得深究的问题。何以我们的自然视觉是“近大远小”？就是因为存在一个消失点，视野里的一切都向它汇聚，从而出现了无数的“斜线”或“对角线”，这条线的两端，一端连着万物的每一个点，一端连着视觉焦点。后者存在于理论中。我们眼前的视野，就是无数条牵引着真实物象与虚拟消失点的直线汇聚而成。它并不因为我们面朝建筑立面还是面朝角部而发生变化。透视法，即近大远小的再现法。本文作者不断提到的“对角线透视”，可以有一个消失点，也可以有两个或三个，但主要特征是同时具备近大远小特征和消失点，基本可以看作科学透视法的同义词。那么“正面视点”又是什么呢？严格来说，它一种非常特殊的透视，走到终点就不再是“自然视觉”，而是一种完全抽象了的“零度视觉”——正投影图或正轴测图。一个直观的例子，就是勒·柯布西耶和奥赞方在纯粹主义时期那些静物画。作者提到的加歇别墅的正面照片就不是正投影，而是正面视点的一点透视（即平行透视），但它已经高度接近立面图了。二者的根本区别，在于正面视点取消了“近大远小”，也就取消了对空间深度的对角线明示。要知道，“近大远小”正是对角线方向空间收缩（diagonal recession）的自然呈现，三维空间因此可以“科学地”呈现在二维图画中，但这种法则被作者极力否定。这也正是为何《三副面孔》这样的画作容许辩证解读，只因远处物像并未因其深度空间中的位置而变小。经过这次辨析，我们明白作者一直反对“自然空间”，其实是反对“自然视觉”，或者说，反对近大远小的透视再现。问题的关键在于，各向同性、无限延展的三维空间矩阵，到底是宇宙的真相，还是人们为了方便而假想出来的理论模型呢？无论如何，它并非人的物质身体的主观知觉，只能靠理性和想象在意识中建构。

图 18–1　德绍包豪斯 格罗皮乌斯
包豪斯档案，造型博物馆，柏林

图 18-2　德绍包豪斯　格罗皮乌斯
包豪斯档案，造型博物馆，柏林

透由真实的平面及其想象的投影所界定的层化空间的机会，观察者也就无从体验明示与暗示的空间深度之间的对立统一了。透过玻璃幕墙，他大概能够同时看到建筑的外部和内部，这当然也能带来一定的愉悦。但是，在这一过程中，他却丝毫也不能获得唯有依赖现象的透明性才能实现的复杂的知觉。[39]

---

[39] 本段指出：包豪斯校舍中没有“空间维度的对立统一”，依赖明示无法调动想象，让人获得有深度的空间知觉。进一步阐释结论，谈真正的区别存在于人的知觉世界。理解要点：这是补充论证的第五段，也是最后一段。这5段共同构建了《透明性》的理论世界。前4段，除了捋清了包豪斯和巴黎两种艺术取向的文化基因、各自不同的时空观及再现手段，也深入剖析了这种差别背后的文化含义。这一段，作者指出这一差别体现在人的知觉中才有意义，格罗皮乌斯未尝没有试图表现建筑的“内在”与“外在”的关联，只是他注重表象（材料的物理属性）、依赖明示（对角线和消失点），导致作品表面化，不能唤起“复杂的知觉”。到这里，其实论证就全部结束了。但作者又在其后追加了6段，是为什么呢?

图 19–1　加歇别墅 勒·柯布西耶

上：现代建筑，勒·柯布西耶和皮埃尔·让纳雷，Morancé，巴黎，1929 下：阿尔弗莱德·罗斯，苏黎世

图 19–2　加歇别墅 勒·柯布西耶

上：现代建筑，勒·柯布西耶和皮埃尔·让纳雷，Morancé，巴黎，1929 下：阿尔弗莱德·罗斯，苏黎世

勒·柯布西耶的国联大厦项目（League of Nations，1927年）像包豪斯一样，容纳很多不同的功能和元素，因此都采用一种群体建筑的组织方式，也具备类似的外部形体特征——狭长的体量。又一次，共同点到此为止。包豪斯的风车状体量让人不禁联想起构成主义者的平面组织方式（见图17）；而在国联大厦项目中，同样狭长的体块形成了条状分层的系统，甚至比加歇别墅更为严谨明晰（图20）。[40]

在国联大厦方案中，秘书处的两排主要楼体相互平行且水平延展。它们界定了图书馆和书籍储藏部分，而主会堂的入口平台和门厅都强化了这一组织方式，它们甚至控制了主会堂自身的构图。在主会堂中，沿两侧墙壁安装玻璃的构思打破了视觉焦点在总统包厢的常规做法，引入了类似的横向轴线。与此相对的纵深空间也通过一种明晰有力的方式表达出来。它主要表现为一个菱形，其轴线贯穿主会堂，外轮廓则由报告厅形体的交汇状的外缘线及内庭院的放射状道路共同组成（图21）。但是，同加歇别墅类似的，此处描述形体纵深关系的内容也不断被弱化消解。在这条轴线上，就有切断、平移和不少自由形态的小路削弱空间感受。

㊵ 本段指出：勒·柯布西耶的国联大厦项目的平面组织方式同样属于严格的空间层化系统。此为补充论证的第一段，追加新例来坐实结论。理解要点：从这一段开始的5段，作者深入剖析勒·柯布西耶国联大厦方案中的空间层化系统。为何在以上10段的歼灭战完胜之后，又来开辟新战场呢？在第24段的译注中，我曾指出作者拿加歇别墅对标包豪斯校舍，其实有点不太对称，二者在规模、尺度和类型上相差太过悬殊，且前者主要谈室内空间而后者是外部环境。也许是为了略微弥补这个缺憾，作者抛出了国联大厦项目。但是，这个项目与包豪斯校舍相比也有不对称的地方，比如它并未实际建成，而规模和尺度要比后者大得多。也许相似之处正像作者说的，是“具备类似的外部形体特征——狭长的体量”。作者没说的是，二者都有群体建筑的特征，都是线性体量连续折动的形态。或许，这个补充论证只是作者大量基础工作的冰山一角：在勒·柯布西耶20世纪50年代之前的作品中，也没有更合适的案例了。本段作者依然采用了对偶论证的模式，但点到为止，之后两段都是针对国联大厦空间层化系统的专论。

作为一个连续空间，它又不断被树木植被、环形车道和建筑自身的元素所打破、所割裂，构成一组平行的参照物。结果，通过一系列或明或暗的提示，整个主题成为一个纪念性的矛盾统一体，成为真实空间和理想空间之间的对话。㊶

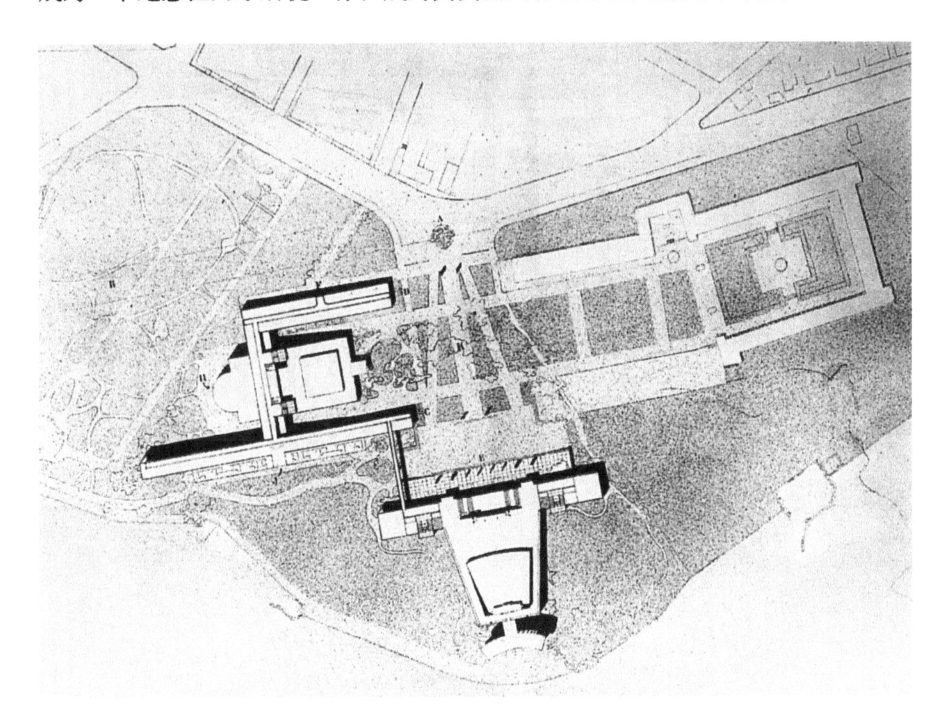

图 20　竞赛入围作品 国联大厦，1927 年 勒·柯布西耶和皮埃尔·让纳雷（一）
建筑历史与理论研究所 苏黎世联邦理工学院
苏黎世大学长期资助项目

㊶　本段交代国联大厦方案沿纵深方向分布的空间层化系统，及由此形成的空间张力。此为补充论证的第二段，从总平面入手进行分析。理解要点：这一段难度不大，顺着作者的思路读图即可领会。对“主会堂”的空间分析说明，无论是总体布局，还是局部叙事，建筑师都有意识地强化纵深方向和水平方向两种空间知觉，避免单一方向的纵深感令空间表现失去张力。用以打断纵深感的水平元素是多变的，一会儿是前方出现的树林，一会儿是侧方出现的水平延展的楼体，一会儿是阻断在眼前的道路，总之没有林荫大道，没有居中而设的点式地标，没有对角线方向的斜线来强化透视感。但这只是在总平面布局上进行推测，是否能与真实的空间体验契合呢？

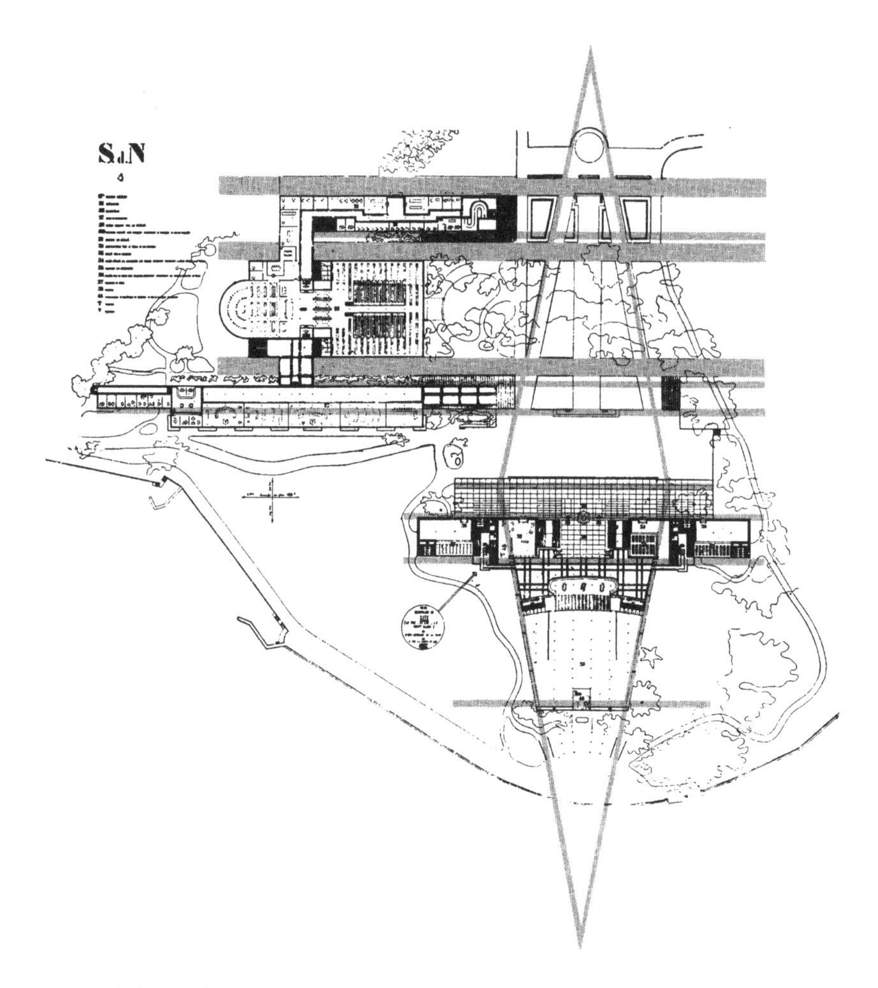

图 21　竞赛入围作品 国联大厦，1927 年 勒·柯布西耶和皮埃尔·让纳雷（二）
建筑历史与理论研究所 苏黎世联邦理工学院
苏黎世大学长期资助项目

我们不妨假设国联大厦方案已经实现，一位观察者正循着纵深方向上的轴线走向主会堂（图 22）。看来，他受到了正对面的主入口的吸引。但是，挡在他前面的一片树木遮住了他的视线，并使其注意力向水平侧方转移，这样一来，他不禁注意到侧方办公建筑同前方花坛之间的关系。不仅如此，他还察觉到纵横交错的人行道与秘书楼前广场之间的关系。当他步入覆盖着树木的区域，在低矮的树

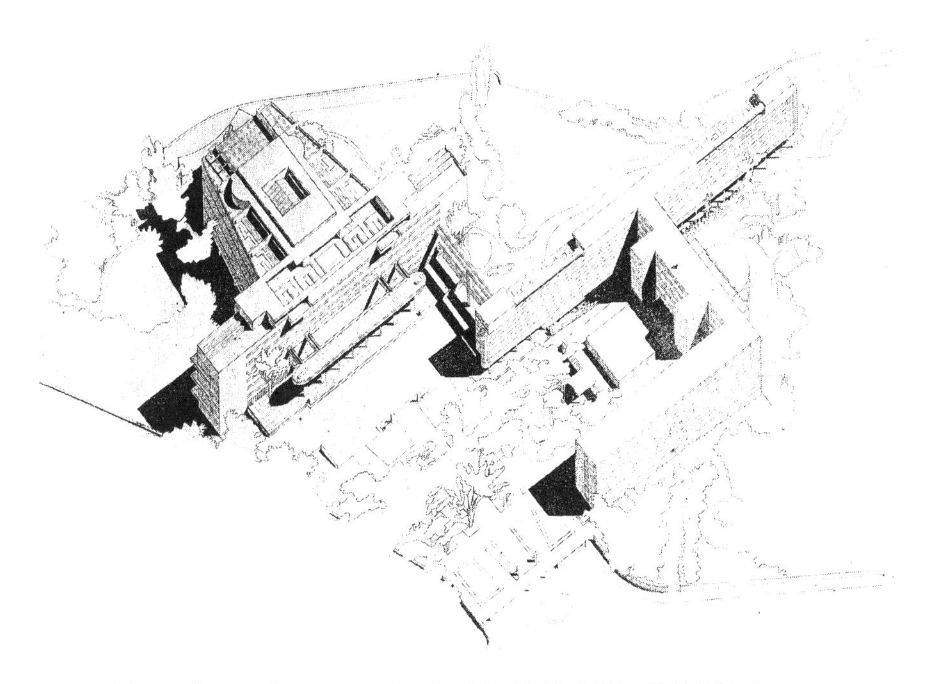

图 22 竞赛入围作品 国联大厦，1927 年 勒·柯布西耶和皮埃尔·让纳雷（三）
建筑历史与理论研究所 苏黎世联邦理工学院
苏黎世大学长期资助项目

冠之下，一种新的空间张力出现了：空间在这里弯折并指向大会堂，但它却可被看作是图书馆和藏书部分所限定的空间在水平方向上的延伸。最后，当他继续前行，把树木留在身后，观察者发觉自己站在一处较低平的地方，正前方就是主入口的平台，但隔在中间的是一片开阔的空白地带，他能够穿过它并走向最终的目的地，靠的正是此前所经由的路线的推进力（图 23）。此时视线不再受阻，主体建筑的全景展现在他眼前；可他立刻意识到视觉焦点的缺失，任由目光在立面游移，并再一次不可避免地移向侧旁，落到花园和远方的湖泊上。如果观察者在这条隔开他与他的目的地之间的开阔带转身向后，如果他回望适才经过的树林，空间的水平侧向平移将更加确凿无疑，树木和引向藏书部分槽形凹口的纵横小路都强化了这一效果。如果这个观察者具有相当成熟的空间经验，如果一条道路对一

图 23　竞赛入围作品 国联大厦，1927 年 勒·柯布西耶和皮埃尔·让纳雷（四）
建筑历史与理论研究所 苏黎世联邦理工学院
苏黎世大学长期资助项目

道类似树林这样的屏障的穿越会让他明白道路的内在功能就是穿透这样的体量或屏障，那么作为参照，他就能够了解置身的这一片空阔地并非像纵向轴线所提示的那样是大会堂的前奏，而本是与之对齐的办公建筑的体量和平面的水平延长。[42]

㊷ 本段设想使用者在国联大厦项目室外环境层化空间中的实际运动体验，为补充论证的第三段，从第一人称视角阅读国联大厦建筑群的空间张力。理解要点：这一段对读者的空间想象力提出挑战。我们可以结合上一段的描述，对着轴测图来假想。这一段作者多处使用虚拟语气，论述本身却是确凿无疑的，因为沿着纵深轴线向主会堂逼近，右手边建筑形体的延长线正好对应着前广场、小树林和树林前花坛的区域，这在总平面上一清二楚。在这条行进路线上，空间在垂直方向也经历了升高、压低又升高的节奏，正好对应于层化空间的三个层次。当主体建筑展现在眼前，“视觉焦点的缺失”恰好就是正面视点对焦点透视的反驳。可以说，在整个运动过程中，每当前方空阔可以行进，视线和身体感觉就不断受到水平方向并不实际存在的力线的干扰；每当面前真的被正对的立面打断，立面后方的空间却依稀展现在眼前。这就是两个方向的空间张力，这里没有简单线性如林荫道这样的空间深度明示，人在行进中穿破一层层无形的屏障而至纵深，好像剥洋葱。此前的层化空间分析基本上都是对着立面、平面和总平面分析，这里作者第一次引入第一人称视角，引导读者来一次“想象的漫游”。读者可能会发现，这段补充论证有一个特别的地方，就是将加歇别墅平面和立面的静态分析，推进到国联大厦行进过程中的动态分析。读者随着作者的步伐穿破层化空间，完成了动态体验。从这个角度讲，结尾这个“画蛇添足”部分价值很大。它让我们明白，勒·柯布西耶并非只关注浅空间的静态视觉想象；浅空间也可以具有相当的深度，并且在逐层穿破的时候，每一个扑面而来的新层都充当了加歇别墅的花园立面，而让这个“现象的透明性”的游戏周而复始地进行下去。三维的空间营造从来都不是一张静态的投影图。作者论述到这里，才将勒·柯布西耶的建筑同本人早年笔记本中的东方世界、奥古斯特·舒瓦西（Auguste Choisy）笔下的雅典卫城和卡米洛·西特（Camillo Sitte）笔下的欧洲城镇联系起来。

这种空间层化结构——空间赖以组织建构、具体赋形和清晰表述的机制，正是“现象的透明性”的精华所在。如今，“现象的透明性”已经成为后立体主义者核心传统的主要特征。我们无法在包豪斯找到类似的东西，那里显然主张全然不同的空间概念。在国联大厦项目中（图 24），勒·柯布西耶为人们提供了一系列非常特别的观察点；而包豪斯显然缺乏类似的参照物。尽管国联大厦项目广泛使用了玻璃窗，这些玻璃窗，除了在主会堂部分之外，很少起到重要的作用。在国联大厦项目中，建筑转角和体形角度明确而肯定；而在包豪斯，吉迪恩告诉我们，它们“丧失了物质形态”。在国联大厦项目中，空间本身就是水晶；而在包豪斯，光亮的表面赋予建筑“水晶般的透明”。在国联大厦项目中，玻璃表面果断而充满张力，如同紧绷的鼓罩膜；但在包豪斯，玻璃外墙“互相融合”“互相渗透”“包裹在建筑之外”，或独辟蹊径（如作为面的消隐），“对如今建筑世界中大行其道的外墙解放运动作出贡献”。[9] ㊸

㊸ 本段指出：国联大厦项目中的空间层化结构，在包豪斯校舍中是看不到的。此为补充论证的第四段，重新回到对偶论证。理解要点：包豪斯校舍缺乏空间层化结构，这不是早就论证完了吗？何必再一次通过对偶论证加以驳斥呢？原来国联大厦跟包豪斯校舍一样有着复杂的外形，加歇别墅却是个规矩的方盒子。空间的透明性，以加歇别墅论，须深入其内部，这就与包豪斯校舍不同。读者不禁要问：建筑外部空间环境是否可以依照“现象的透明性”进行组织呢？作者的补充论证，似乎就是为了回答读者这方面的困惑。通过对国联大厦的分析，作者证明，即使在建筑师不能全部掌控的外部空间环境中，建筑师的操作也有区别，有的富于“张力”，有的“松弛”。作者把国联大厦的空间场所比作“紧绷的鼓罩膜”（as definite and taut as the top of a drum），而在论述包豪斯的时候，使用了“解放”（loosening up）这个词，看起来是直接引用吉迪恩的原话，其实是呼应前文“窗帘盒”的比喻，同时通过故意误读吉迪恩的词义，来进一步嘲讽他的“浅薄”。作者在此处使用语意双关。所谓 loosening up 也可理解为“松掉”，与上文的“张力”形成对比。同时，借用吉迪恩赞赏性的评价来构成讽刺性的引用，并暗示这一贡献（指外墙解放）在空间探索中无关宏旨。

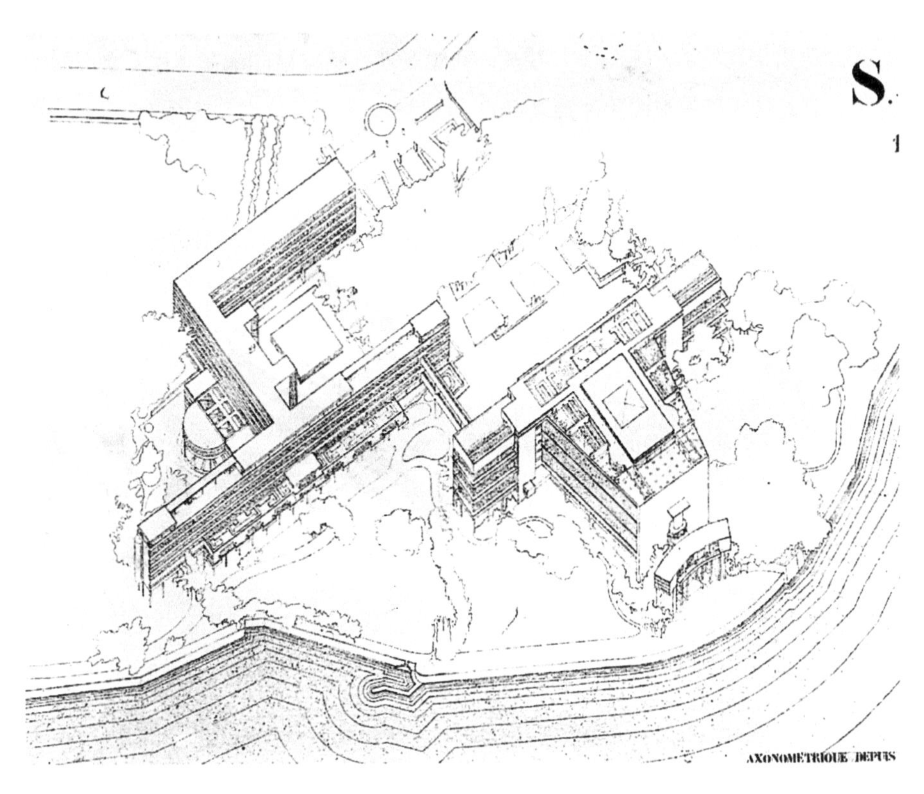

图 24　竞赛入围作品 国联大厦，1927 年 勒·柯布西耶和皮埃尔·让纳雷（五）
建筑历史与理论研究所 苏黎世联邦理工学院
苏黎世大学长期资助项目

但是，假若我们想从国联大厦项目中找出“外墙解放”的痕迹，我们可能一无所获。对于尖锐的差别，设计者没有任何掩盖的愿望。勒·柯布西耶的平面就像刀子，专门用来进行空间切片（图 25）。如果我们把空间比作水，那么他的建筑就像是水坝，选择性地容纳一些、阻拦一些、疏导一些、宣泄一些，最终使其汇入湖边未经修饰的小花园中。相反，在包豪斯，建筑被隔绝在一片无定形的海洋中，就好像平静波浪温柔冲蚀之下的一块礁石。[44]

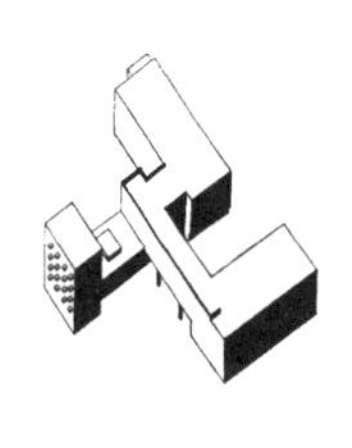

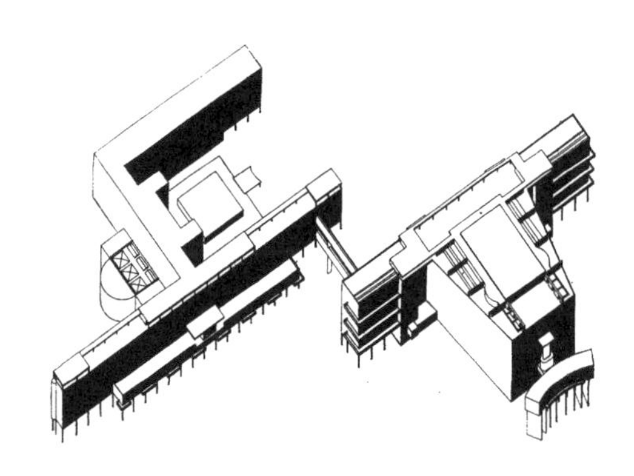

图 25　德绍包豪斯 格罗皮乌斯 国联大厦 勒·柯布西耶和皮埃尔·让纳雷

---

[44] 本段指出：国联大厦实现了对空间的主动控制，包豪斯校舍则没有。此为补充论证的第五段，本部分的结论。理解要点：作者通过这最后的对偶论证，指出“现象的透明性”其实是对空间的截取和控制，它赋予了建筑师主动权，为场地确立秩序，使人造环境获得“感知”的张力，从而耐人寻味。作者把勒·柯布西耶的平面比作“刀子”，是说这个工具的效力，它锋利而准确，也对应了一直讨论的“层化结构”。把空间比作水，是说它无形无质、难以掌控的特点，而人可以通过建造水坝驾驭它。水坝是人造物，是人对自然的因势利导；与之相对，作者把包豪斯校舍比作“海浪中的礁石”，海浪依然是水，也就是空间，而礁石不是水坝，它只是天然的造物（此时应当记起第一大部分作者对“自然”的负态度），偶然置身于茫茫然的大海之中，存在既没有意图，造型亦缺乏目的，无知无识，像一块被动的大石头。

前面的讨论意在说明使现象的透明性成为可能的空间条件。但这并不是说现象的透明性（因其立体主义血缘）是现代建筑的一个必不可少的组成部分；也不是说可以不假思索地把它当作检验建筑正统性程度的试纸。我们的动机很简单，只是想完成“种”的鉴别，并警示“种”的混淆。[45]

㊺ 本段指出：现象的透明性并不是现代建筑的必要条件。此为全文大结局，阐述写作意图。理解要点：这一段是大结局但不是结论。结论早在 10 段之前就已经给出了。那么，作者何以要“画蛇添足”地再追加 10 段，然后轻描淡写地以此段收尾呢？根据前文注释，我们知道这 10 段中，前 5 段是对结论展开讨论，借此机会将正反两方的文化脉络捋清，且延伸讨论了二维画面和三维空间、正面视点和对角线视点等重要问题，让文章实现理论上的升华；后 5 段则通过引入一个新的例子，扩展了透明性理论的适用范围，由静及动，将之引入方法论层次的讨论。可见，得到一个认知方面的“结论”并不是作者的写作目的，那么他的目的到底是什么呢？是为了驳斥其他人对现代主义的肤浅阐释吗？是为了树立自己的理论旗帜吗？作者很小心地避开了这些知识陷阱，而将写作动机归纳为“完成‘种’（species）的鉴别，并警示‘种’的混淆”。“种”是指什么？其实这是个生物学概念，生物分类的最后一级，即自然生命的“物种”。达尔文的《物种起源》，英文名为 Origin of Species，说的也是这个“种”。物种是生物分类的基本单元，也是生物繁殖的基本单元，不同的物种之间有生殖隔离。作者没有明说的是，在历史的长河中，如果把现代建筑看作足球联赛，勒・柯布西耶所在的法国代表队和格罗庇乌斯所在的德国代表队只是其中的两支球队，是这场浩大赛事的组成部分，此外还有无数个体和群体参与其间，才有了席卷天下的现代建筑运动。作者写这本书，不是硬要将勒・柯布西耶和法国代表队说成“联赛之魂”，更不是要他们来“代表足球”，只是在谈两支队伍打法上的区别。然而，虽然没说出揭竿而起、一统天下的意图，但你支持你的球队，我支持我的，绝不可以混淆。认知方式是人之间的区别所在，就像物种间的差别，不可等闲视之。考虑到文中所树立的假想敌的身份、地位，可以窥见作者的理论抱负。

1 戈尔杰·凯普斯:《视觉语言》，芝加哥:保罗·西奥布雷德，1944，第77页。

2 莫霍里－纳吉:《运动中的视觉》，芝加哥:Paul theobald，1947，第157、159、188、194页。

3 莫霍里－纳吉，同上，第210页。

4 莫霍里－纳吉，同上，第350页。

5 阿尔弗雷德·巴尔:《毕加索:艺术五十年》(*Picasso:Fifty years of His Art*)，纽约:现代艺术博物馆，1946;第68页。

6 莫霍里－纳吉，《艺术家的抽象观念》，纽约:魏滕伯恩出版社，1947，第75页。

7 戈尔杰·凯普斯，同上

8 希格弗莱德·吉迪恩:《空间·时间·建筑》，马萨诸塞州剑桥，1954，第490～491页。

9 希格弗莱德·吉迪恩:《空间·时间·建筑》，马萨诸塞州剑桥，1954，第489页。以及希格弗莱德·吉迪恩:《沃尔特·格罗皮乌斯》，纽约:雷因霍德出版社，1954，第54～55页。

伯纳德·霍伊斯里

评论

1948年，亨利－罗素·希区柯克撰写的《走向建筑的绘画》(*Painting Toward Architecture*)由纽约德尔、斯劳恩和皮尔斯出版社（Duell，Sloan & Pearce）出版。此后，直到1964年柯林·罗和罗伯特·斯拉茨基完成了《透明性》一书的写作，英语世界里再没有任何关于现代绘画与建筑学之间联系的著作出现。

在1948年的著作中，希区柯克认为，介绍并评析抽象派绘画的独特性和重要性，是非常重要的基础工作。他首先将这一主题放到19世纪的历史境况中进行比较；接着，用一种描述性的、提纲挈领的语言回顾了绘画与建筑学发展的大趋势。书中提到了弗兰克·劳埃德·赖特、勒·柯布西耶、格罗皮乌斯、奥德（Oud）和杜多克（Dudok)、密斯·凡·德·罗和后来的奥斯卡·尼迈耶(Oscar Niemeyer)、日本木刻、立体主义、费尔南·莱热、皮特·蒙德里安、阿尔普（Arp)、保罗·克利和米罗（Miro)，并特别提到了20世纪20年代的巴黎艺术家、风格派和包豪斯。书中的观点和发现建立在完备的参考资料的基础上，并对这些艺术家的重要性按照年代顺序进行排列；除了少量讨论现代艺术作品与“新建筑学”之间“整合”的可能性的离题部分之外，似乎这本书的作者最为关注的问题，就是对现代艺术运动中五花八门的艺术风气和象征关系进行分门别类的梳理。

作为这项调研的结论，提出了两个主题，它们为整个研究提供了基础，可是，与其说它们证实或阐释了书名中的“走向”(toward）一词的含义，还不如说它引发或刺激了这种思考。无疑，最终的意图不是引起争论，而是为了温和的说教。这两个论题，其中一个在当时已经不新鲜了："不管是绘画还是雕塑，抽象艺术的核心意义和基本价值，在于它们能够使一种塑性的探索成为现实，而这在整个建筑学领域中几乎不能实现"。前卫艺术家们的画室或工作间应该被看作一座座的实验室，那里进行着的探索类似于实验和研究。第二个论题声称，"新建筑学"的形式从科技革新和社会责任中获得决定性的动力，而这一过程只能在现代艺术的催化作用下完成蜕变："但是这种形式大体上仍然难觅踪影（除了在赖特的作品中偶有显现），处在无意识或潜意识阶段，只是在 1/4 个世纪之前同前卫艺术家的实验发生奇妙的化学反应之后才完成结晶"。在此基础上，文章继续指出，对抽象艺术的研究不仅能够帮助我们更好地理解现代建筑的形式是如何出现的，而且抽象艺术本身也为建筑学后续的发展提供了充足的动力。

这本著作在当代已经湮没无闻了。我们之所以在这里重新提起它，是因为在细节方面，它所关注的一些概念和定义在 1918 年之后开始发展，传播了整整两代之久，也不禁让我们回想起直到 1945 年之后还颇具影响力的那种学术气候。那些为这篇文章奠定基础的思想观念和为后续研究注入活力的知识体系在这里并未提及，目的是亲自检验它们的假设和意义。当然，它们之所以曾被提出来，是因为在这一论题的狭小框架之内，作为"现代"及其产物的完美和无懈可击的概念品质，它们证明了促使 20 世纪 20 年代那些复杂矛盾的文化遗产最终发展为 1945 年以后学术主题结论导向的现实态度和经验主义的方法论。

在希区柯克发表他的全面评述的 7 年之后，《透明性》完成了。开篇的第一句话就呈现出与前文迥异的态度。前文开篇就是扩展和假设，本文开篇就是限定和定义；希区柯克醉心于罗列和描述，而《透明性》的作者柯林·罗和罗伯特·斯拉茨基则致力于对概念上细微差异的清晰厘定并得出结论，假使没有对材料细致入微的观察以及对差别的敏感判断力，这些都无法实现。在后来的著作中，那种对建筑学和绘画中新的表现形式的追求荡然无存。在 1948 年，新形式一经出现立刻就被推到读者面前，而在 1955 年，大家对这些习以为常，媒体也沉默了。无论如何，希区柯克将他罗列的所有形式视作当前和后续发展的全新的、独特的元素，相信它们必将开创理想的未来。这些新的形式表达尽管仍旧是令人迷惑、难以言传的，但都值得欢迎，效果都同样理想。他觉得自己在这一过程中的使命就是把它们全部带入整体关系中，让它们彼此发生关联，对它们进行解释，通过研究和反思使其面目清晰。与之恰成对照的是，一种随着材料研究而生的、对透明性的探索出现了，它远离纷争，不要理由，可以追溯到显然属于过去年代的发展阶段。从遥远的历史中，它觅到了进入现代的途径。如果说在这一研究中热度尚存的话，人们之所以全心投入，并非来自对新事物的憧憬，而是来自对既存事物的评判。当然，研究方向有着不同选择，参与者年龄和秉性上的差异也许会产生很大影响——然而至关重要的是，一次重大的气候转变业已发生，人们已经达成共识：所谓的“现代主义运动”已成历史陈迹。通过不偏不倚但又充满热情地指出现象的（隐喻的）透明性同字面的透明性之间的差异，作者事实上也在区分两种不同的“现代”建筑。以此为基础，作者指出：所谓的“现代”并不是铁板一块，无论是在类型上，还是在价值上，它们都表现出不同的形态。而这种洞察，反过来又说明，区别必须建立在完全不同的需求和目标的基础之上；经验主义和实用主义观念无论对于建筑理论研究还是设计实践，都毫无益处可言。沙利文（Sullivan）说：“任何问题都包含并暗示了自身的解答。”还有这句：“要诀在于：功能创造并组织了自身的形式”[出自《一个概念的自传》(*The Autobiography of an Idea*)]。今天看来，这样的表述既是灵感的源泉，又是困惑的起点，两种效果几可等量齐观。任务或目标无非修正参数，使理论更好地应用于实践。一步一步地定义和厘清透明性概念的过程，提醒我们建筑学的存亡与建筑理论无法割裂开来考虑。

精确定义之后，这一对描述事实与表象的透明性的孪生概念似乎最终将成为学习建筑学的前提。它辨明了透明性概念的本质属性和外在形态，并涉及建筑学中的一对基本关系——形式与内容。它甚至触摸到了更加宏大的问题，即一座建筑是否成立，是否有意义。

将关于建筑的隐喻性的透明性概念应用于分析勒·柯布西耶第一个创造性的10年中的作品，表现出对其空间组织的精辟洞察，并为解读和领悟勒·柯布西耶独特的空间效果创造了可能。实际空间同假想的浅空间之间的辩证关系、空间组织的多重解读的可能性、建筑中形式与功能的分层——从来都没有如此清晰过。而且，分析对象本身就说明了一切，无需动用额外的建筑学素材。透明性概念，正如柯林·罗和罗伯特·斯拉茨基所定义的，成为一种学习的工具；它让理解和评价成为可能。但与此同时，它同样成为理想的和现成的工具，能在设计过程中引发关于形式的理性处理；在设计作品的图面表现中也能起到同样作用。

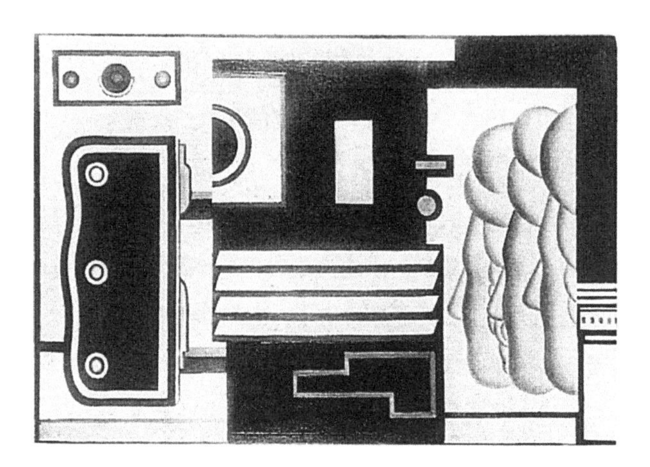

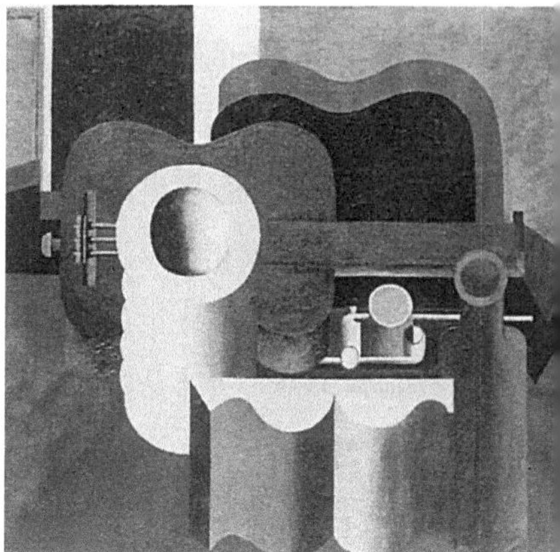

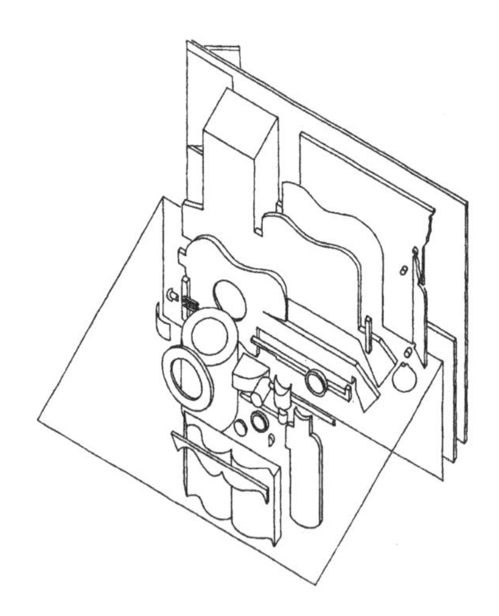

勒·柯布西耶的纯粹主义图像的层状结构，与立体主义传统息息相关。希望**明白无误**地打破形式组织，将其分解成实际的平面，这种尝试表明在空间中为所有的形式找到确定的位置是不可能的。对于隐喻性的透明观念而言，典型的情况是，每一个**个别的形体**，其空间位置都是**暧昧不明**的。

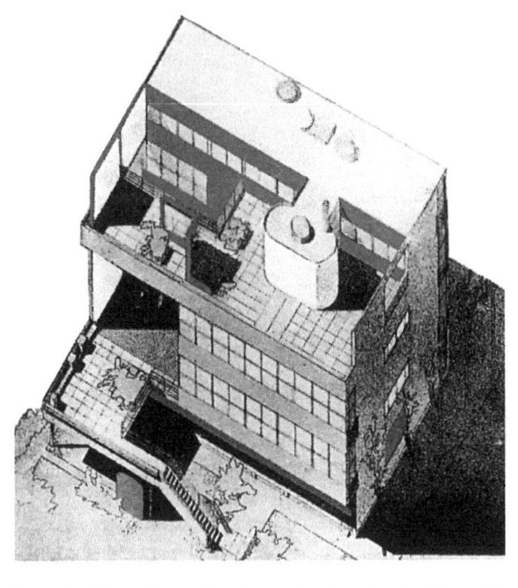

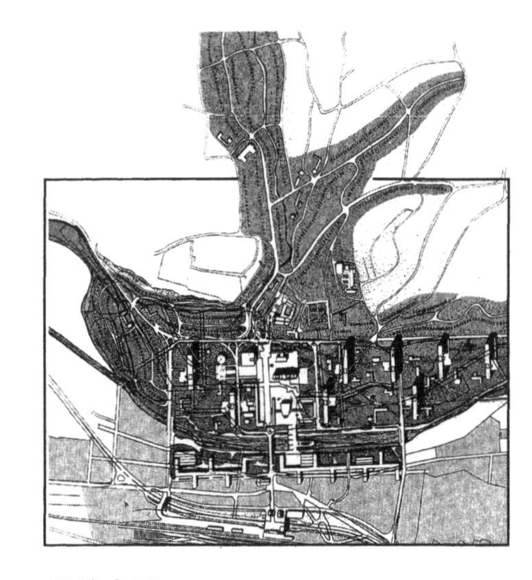

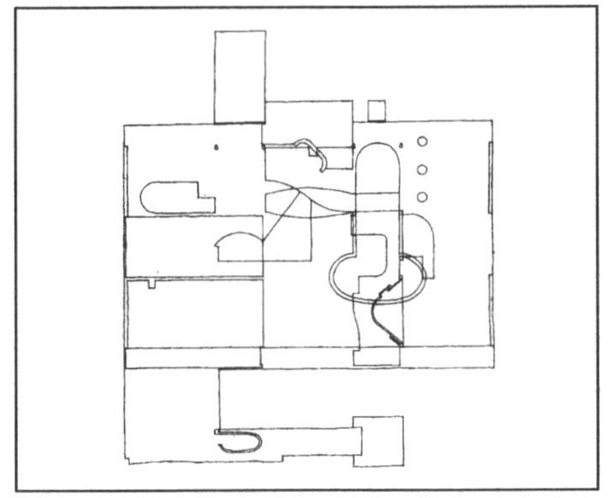

总的来说：
凡是拥有两种或两种以上的参照体系的空间位置，都会出现透明性现象。在那里，分级尚未完成，在一个级别与另一个级别间进行选择的可能性保持开放。

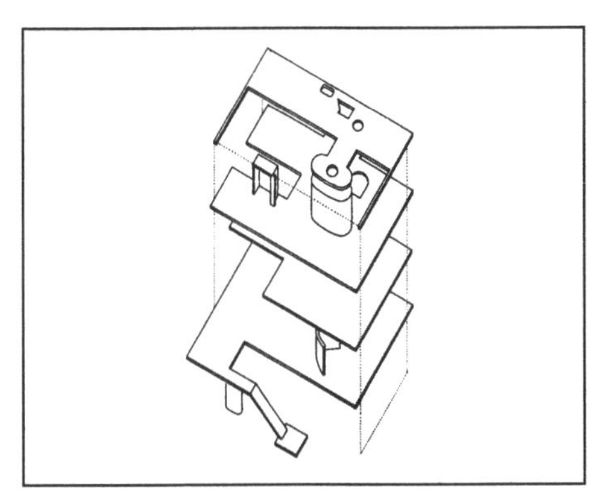

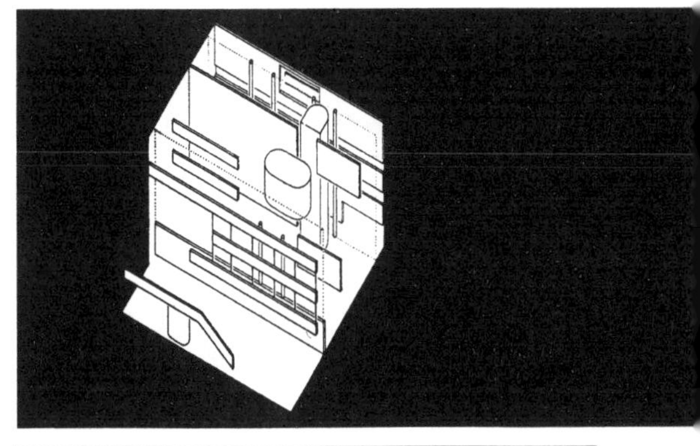

"将立面切开，挖去一些部分，再把其他部件插入留下来的空位中"（第62页）。
"浅空间的暗示不断遭到深空间的现实的反驳"（第66～67页）。**这在空间中任何一点都能感知；**观察者一会儿觉得与一种空间秩序发生关系，一会儿又觉得起作用的其实是另外一种空间秩序。"结果张力越来越大，深入解读的动力由此产生。"

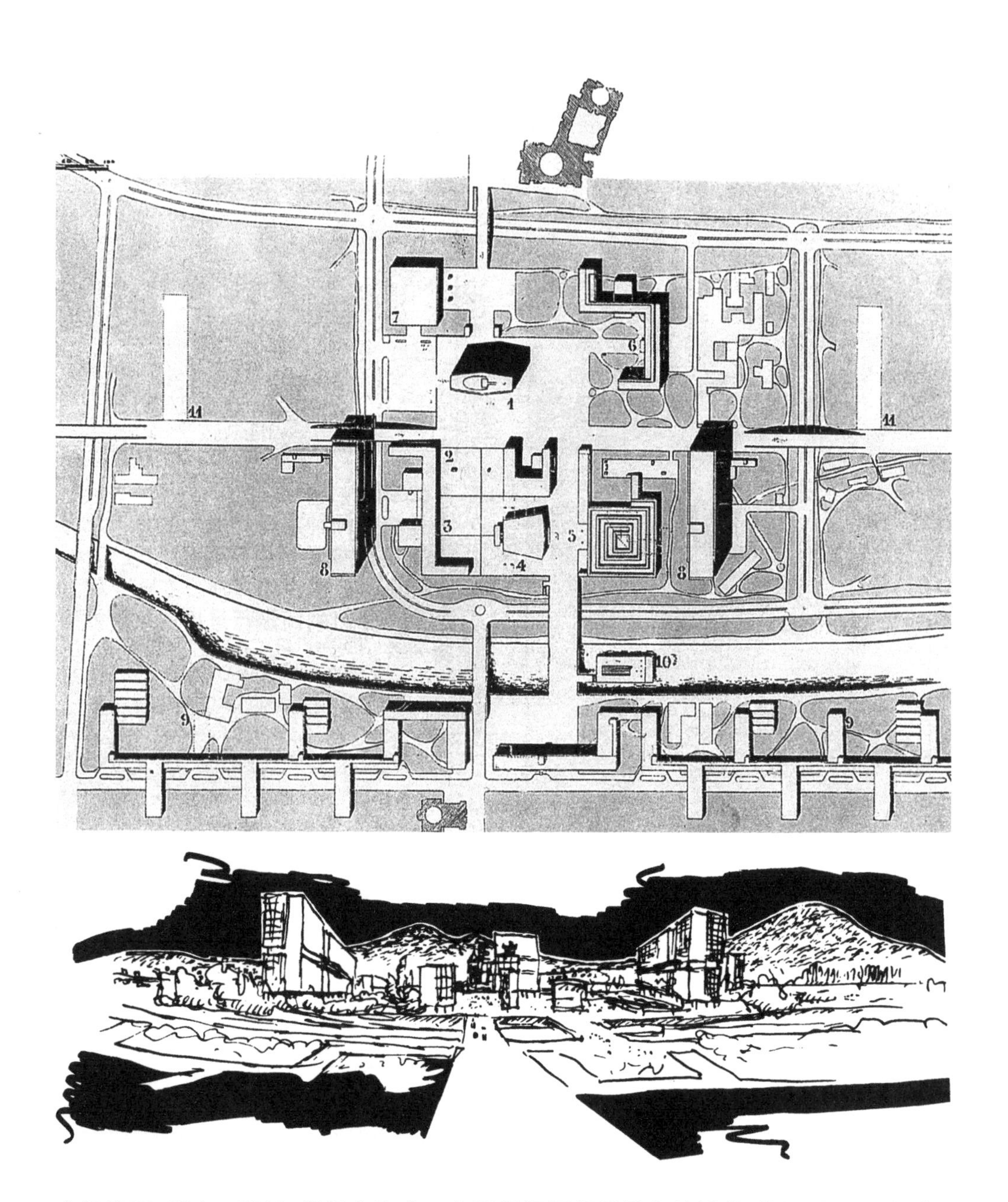

在圣迪耶（Saint–Dié）假想方案中，分层组织平行于默尔特峡谷（Meurthe Valley）；从透视图上可以看到，伏盖森（Vogesen）景观的侧影被建筑秩序所整合，成为空间层次的“后界面”,而“位于前景的物体”在“抽象的浅空间”中明白无误地呈现出来（参见第 41、43、47 页）。

在理想化的空间层次里，居住单元通过其长方向来强调真实的空间纵深。

哈德良别墅（Hadrian’s Villa）

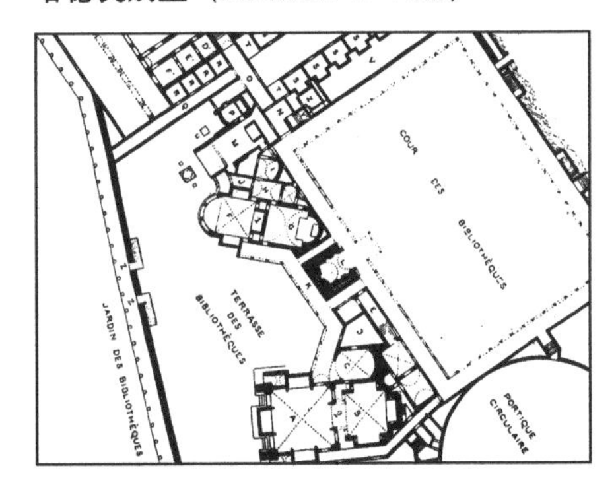

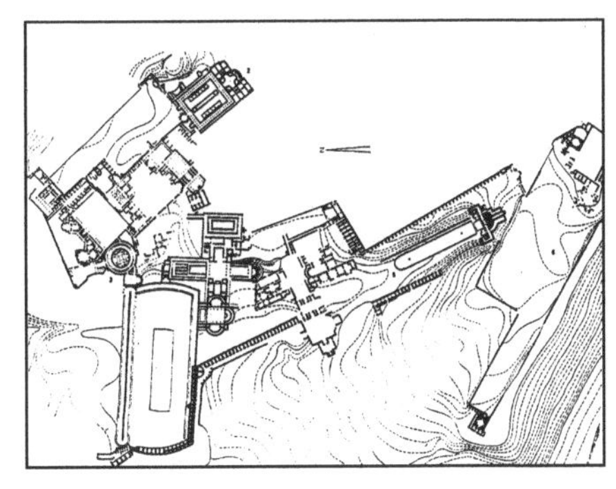

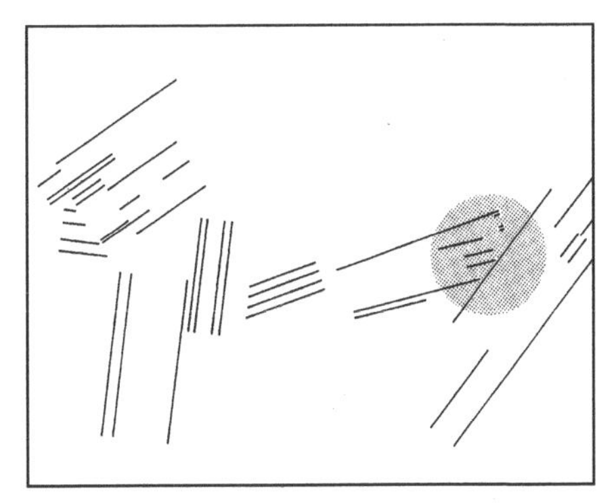

哈德良别墅的空间结构有两组直角体系，它们彼此扭转一定的角度，相互形成对峙关系。当这种关系形成之时，结构组织间出现了**缝合空间**，它们同时属于不同的参照系。这里，空间系统**生硬地绞合在一起**（参见图书馆的细部）。隐喻的透明性感觉，只在**卡诺布斯**（Canopus）**大水池**附近的空间才有涉及。

勒·柯布西耶：圣迪耶项目，1945 年

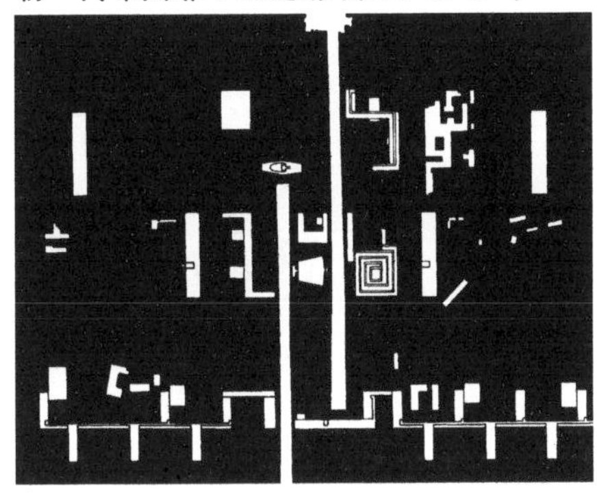

项目最引人注目的特点，在于它的轴线运用。这无疑是最重要的手段，以通过建筑学的方法来捕获空间纵深。一道垂直方向的切口，贯穿了由南至北所有的空间层次。行政中心和大教堂被置入由此产生的深度空间。请与第 62 页比较：“通过类似的方式来实现空间深度，将立面切开，挖去一些部分，再把其他部件插入留下来的空位中”。

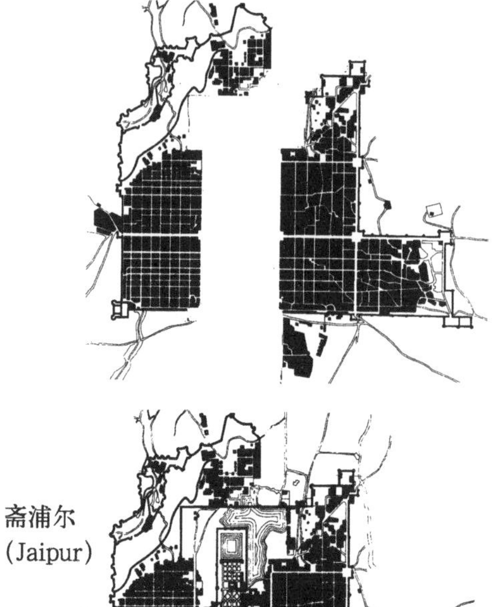

斋浦尔
(Jaipur)

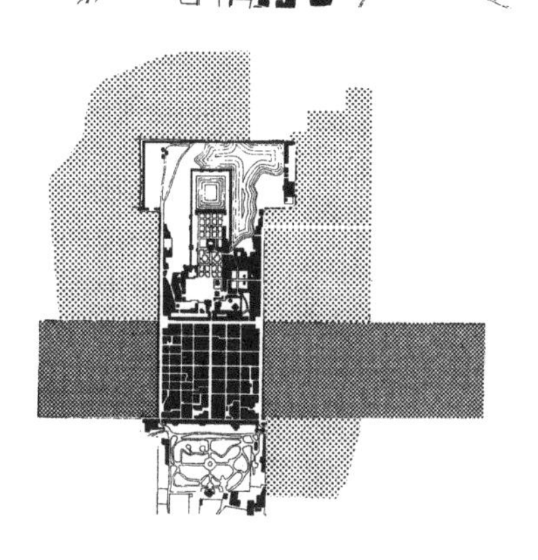

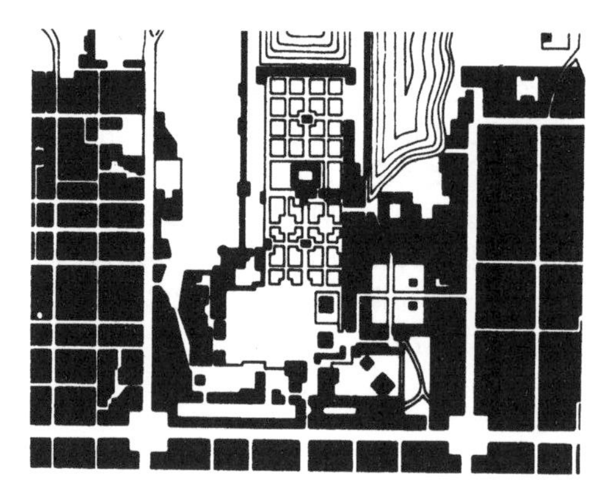

透明性概念使得对建筑功能和形式的可类比的分级成为可能。

布拉克

街道网络和宫殿、公园、地形系统塑造了相互渗透和重叠的空间关系。

在这样的视觉图像中，存在着一种可以被称为**“拼贴”**的**城市规划**概念。柯林·罗和弗瑞德·科特的研究《拼贴城市》(*Collage City*) 于 1978 年由 MIT 出版社出版。

兰克·劳埃德·赖特：西塔里埃森（Taliesin West）

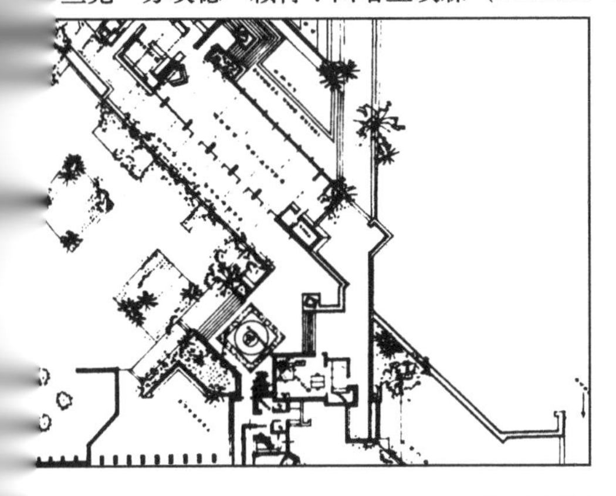

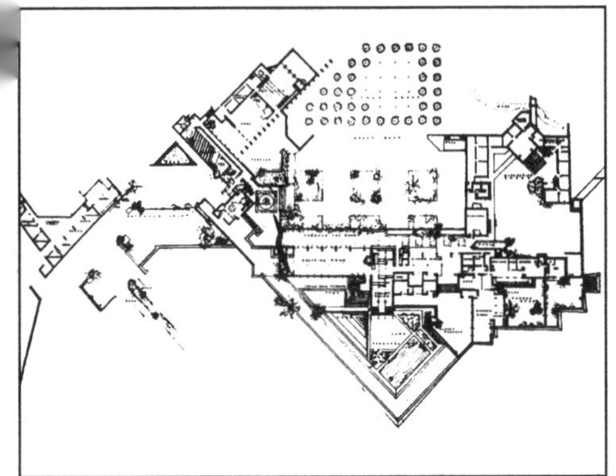

在通往建筑群中心部分的外部道路与内部道路分岔的关键点，观察者能够清楚地发现两套空间秩序系统之间的关系。

选择这条道路或那条道路，同时也意味着进入不同的几何组织体系。**作为图像的几何体。**

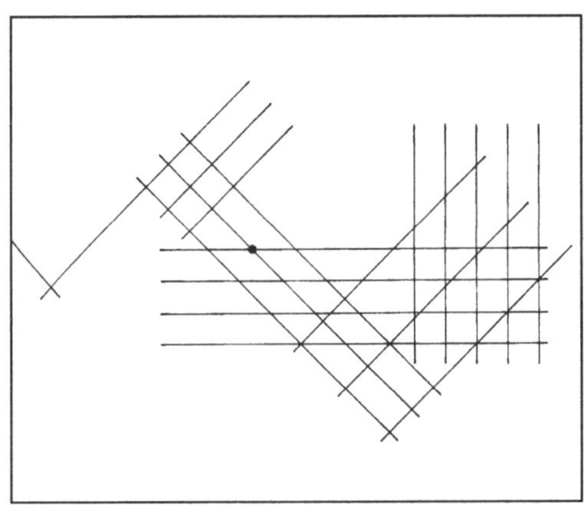

整体布局有两套互成 45° 角的直角网络构成。与哈德良别墅不同，在这里，无数个节点同时隶属于两套体系，重叠、纠缠，相互交织在一起。这必然导致透明性的空间组织，标志着**空间转换**，指明在空间中运动的可能方向，并清晰标示出来，以供人们选择。

胡安·格里斯（Juan Gris）

透明性成为秩序的分解与整合，成为图底关系。

阿尔伯蒂：圣安德烈教堂（Sant’Andrea），
曼图亚（Mantua）

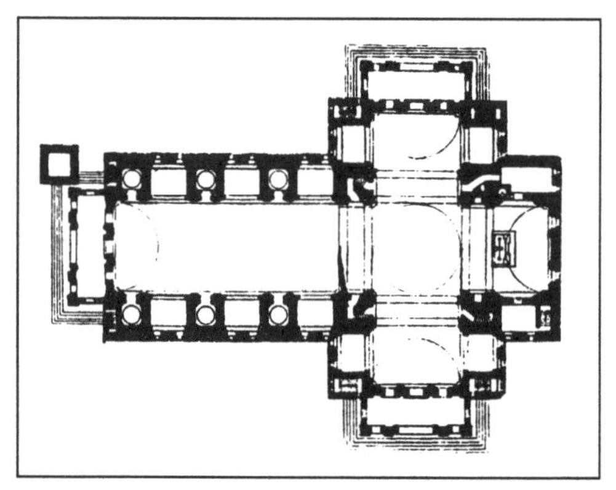

帕拉第奥：埃莫别墅（Villa Emo）

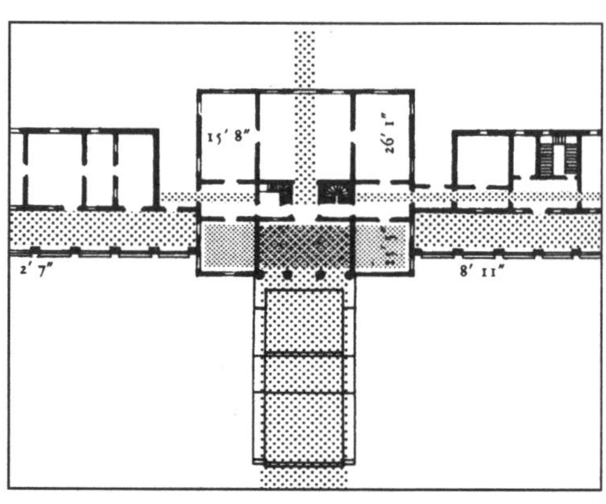

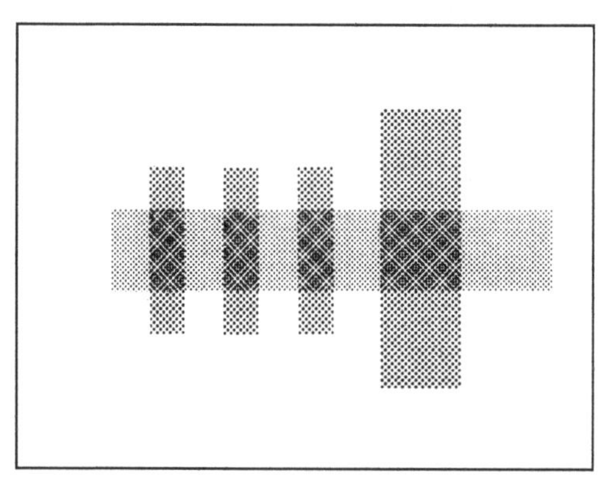

在帕拉第奥的平面中，透明性总是出现在主要轴线的构图上：在这种组织方式中，门厅既是别墅中心结构别具一格的层状序列的一个组成部分，也是沿纵深方向贯穿整个综合体量并刻画外部空间的轴线的一个片断。
这一轴线上每一个内部空间，全部**隶属于两套不同的空间系统。**

教堂的侧龛与标准化的内部空间保持既分又合的关系，后者成为隐喻的透明性得以滋生的沃土：观察者**几乎滞留**在由中央大厅所唤起的前进的推力和一个接一个渗透到轴线序列中的正交层次所引起的阻滞效果之间。

菲利普·约翰逊：布瓦松内住宅（Boissonnas House）

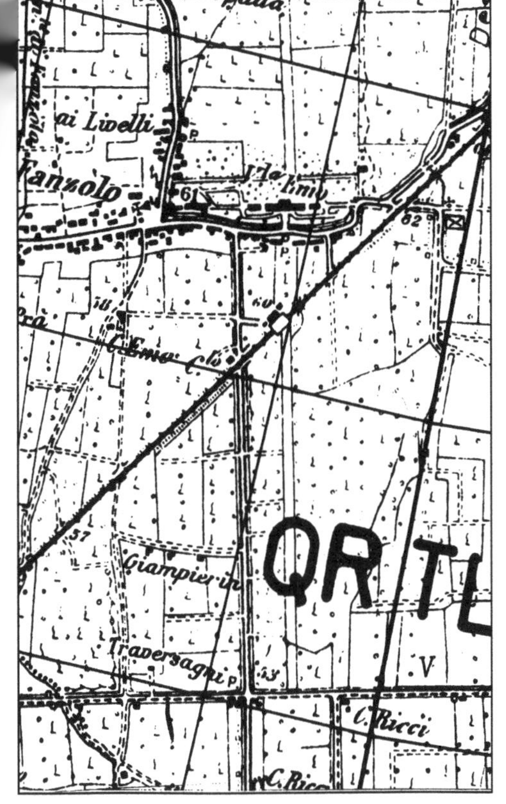

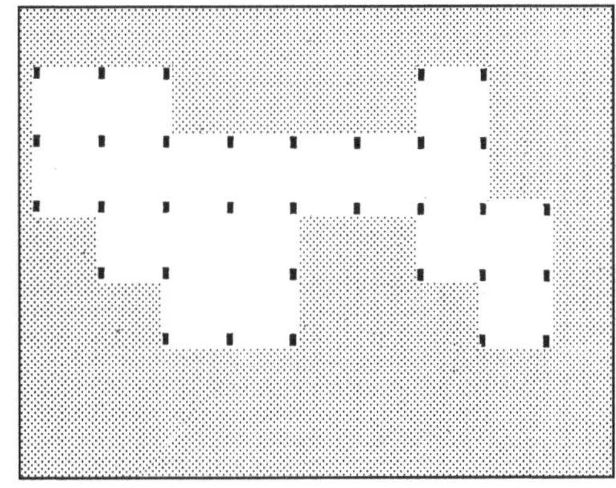

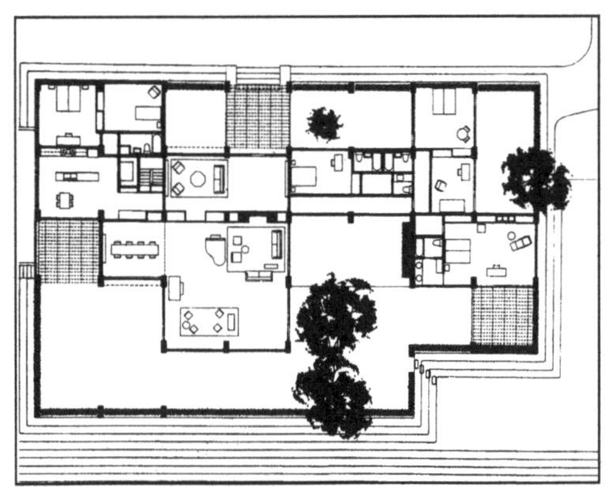

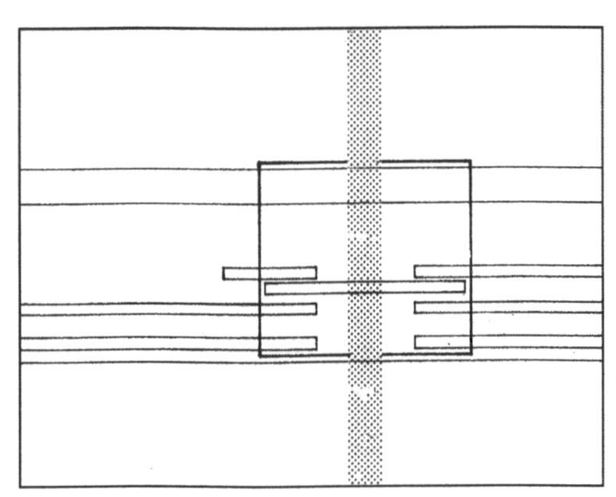

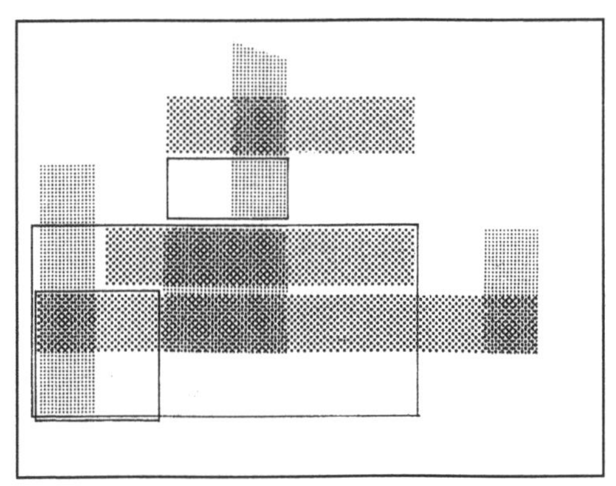

这个综合体建筑在空间组织方面，融合了结构上的规则与功能需求所带来的丰富效果。透明性带来了空间关系和彼此衔接的多重解读的可能性。

勒·柯布西耶：塞赫塞勒住宅（Résidence près de Cherchel），1942 年

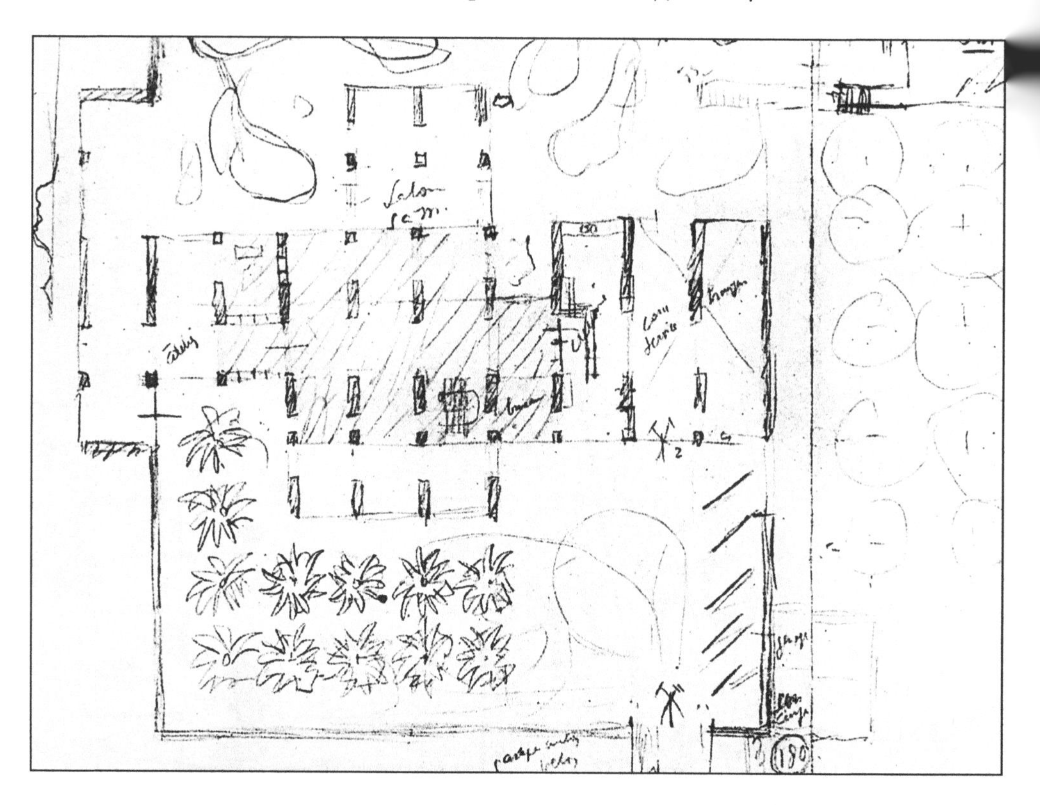

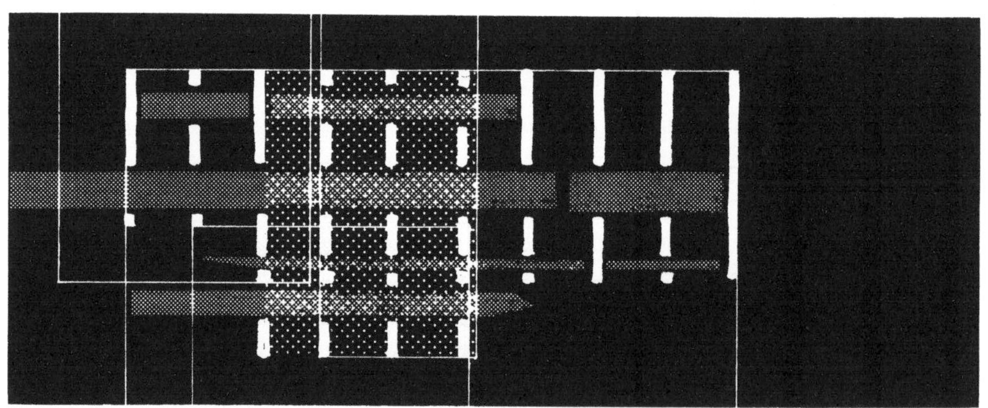

在雪铁龙住宅横断面的附加结构上，排成横排的平行墙体上的开口制造了一种垂直于房间进深的空间关系。
透明性在整齐匀称的组织方式中创造了弹性。

勒·柯布西耶：萨拉巴伊住宅（Villa Sarabhai），1955 年

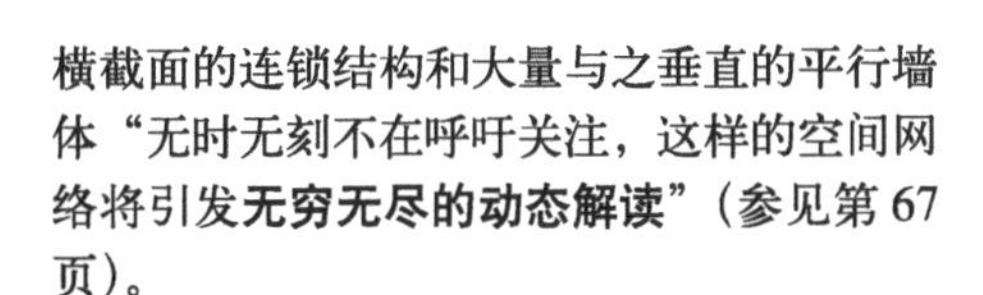

横截面的连锁结构和大量与之垂直的平行墙体“无时无刻不在呼吁关注，这样的空间网络将引发**无穷无尽的动态解读**”（参见第 67 页）。

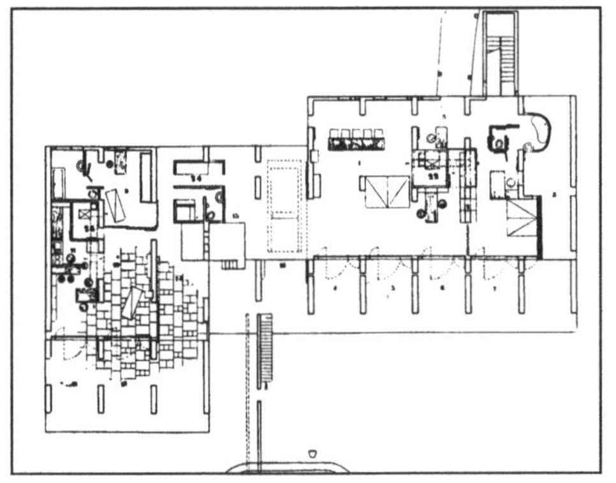

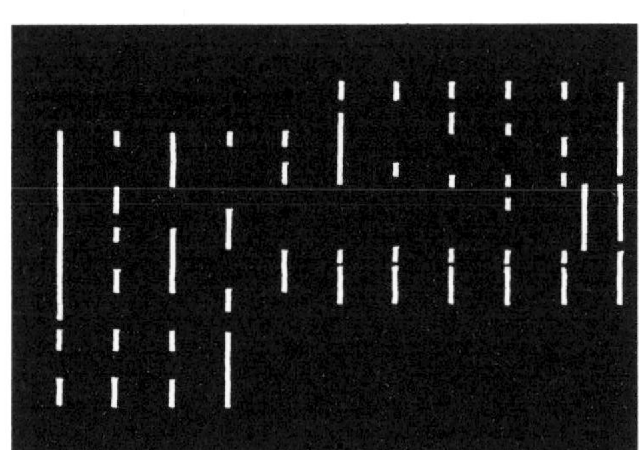

勒·柯布西耶：圣迪耶项目，1945 年

弗兰克·劳埃德·赖特：唯一神教教堂

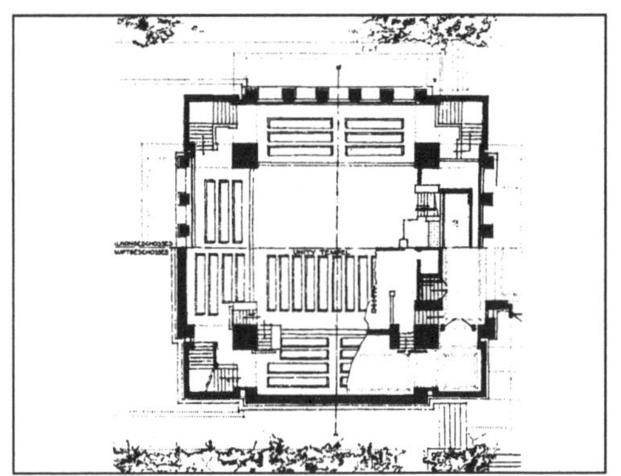

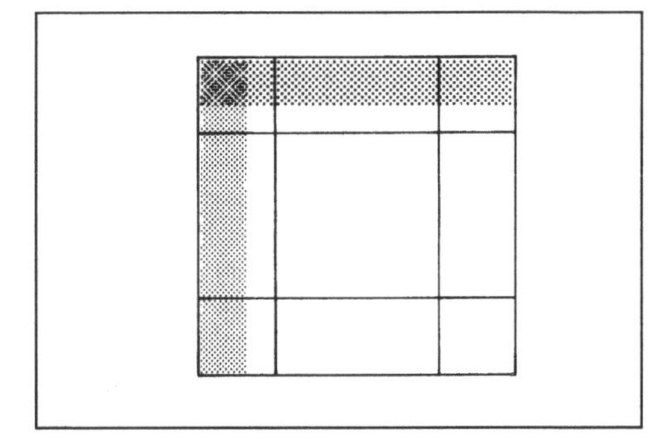

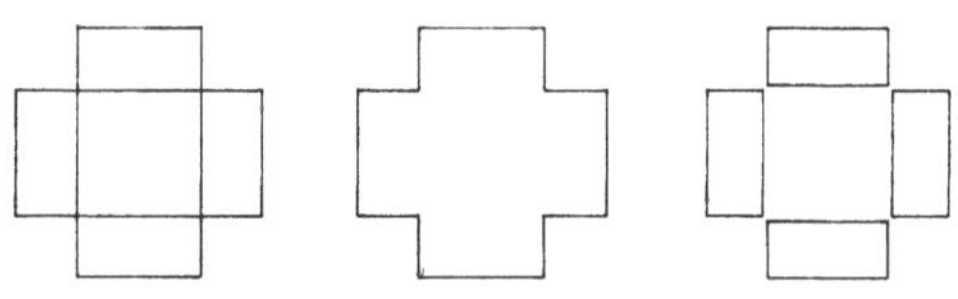

中间大厅和四周十字翼的关系可以解读为相互穿插、相互突入和相互粘连。

乌尔曼住宅（Ullmann House）

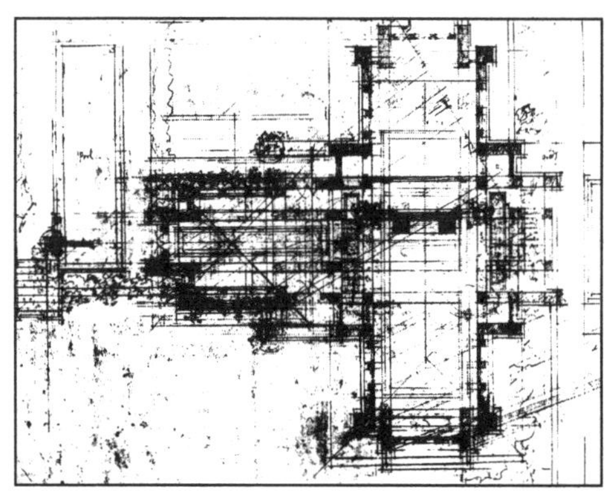

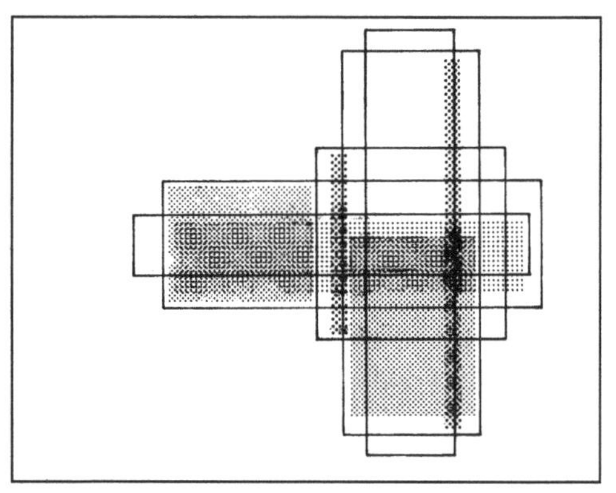

1893 年之后有超过 10 年之久，赖特都非常喜欢使用**十字形**平面模型。这是最优秀的模糊空间。

马丁住宅（Martin House），1904 年

可是，在三维体量上，十字结构并没有演变为空间上的透明，而是成为一种清晰、明确的棱镜结构*，在此，顶多有些**次要空间区域**同时具备了多样特征。

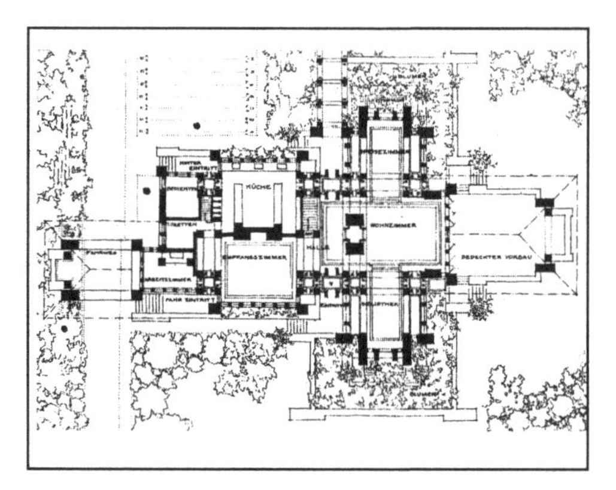

柱子作为空间局限的一个解决方案，创造了内部空间和外部空间的融合，几乎毋须转换；它也使得每一处可能的连接在水平方向上被感知为空间的重叠。可是，在垂直方向上，这种**模糊性**就**荡然无存**了。

流水别墅（Falling Water），1936 年**

1917 年建于拉绍德封（La Chaux-de-Fonds）的“塔克住宅”（Maison Turque）让人联想起奥古斯特·佩雷（Auguste Perret）和赖特，其空间建立在严格的十字交叉平面基础上。

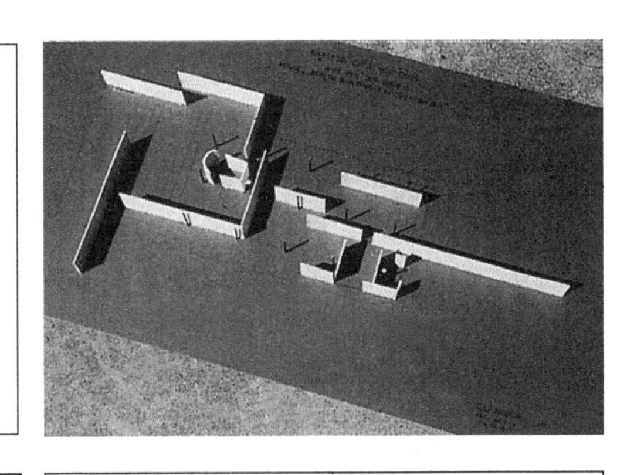

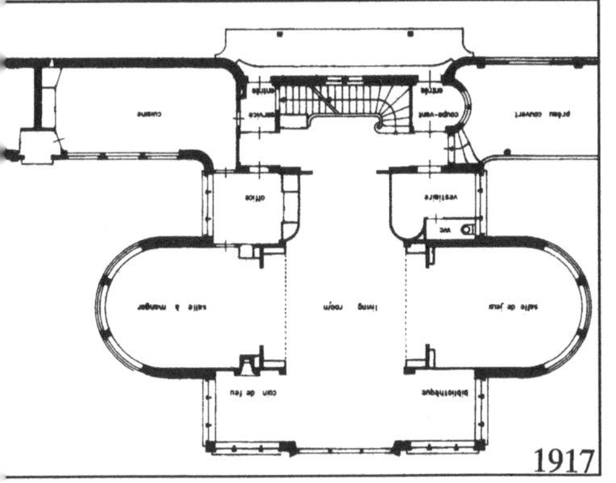

密斯·凡·德·罗又如何？

自由墙片上空间控制元素的简化以及内外空间边界的消隐，都造成了**字面的透明性**。然而，隐喻的透明性在地面和顶棚之间并不存在，它也不会存在于这样的空间组织中。

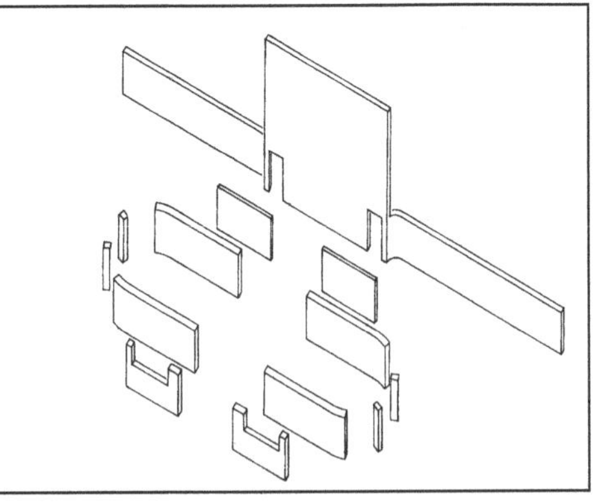

在莫霍里－纳吉的绘画中，的确，部分透明的形式元素悬置于**连续的空间**之上，分割它并激活它，但在那里，空间关系仍然保持着清晰的可读性(参见第 49 页)。

* 对赖特草原住宅的形体组织法则的完美提炼，见理查德·麦克马克（Richard C. MacCormac），“赖特美学剖析”（The Anatomy of Wright's Aesthetic），《建筑评论》，1968 年 2 月号。

** “流水别墅”和让·拜亚（Jean Baier）的图形，描绘的是“**空间中的层板**”。然而，空间与层化的对立关系并未分解为形式组织上的高度秩序（只有在这种条件下透明性赖以存在的含混才能够实现）；相反，它仍然是清晰可辨的。

勒·柯布西耶：库鲁切特住宅（Maison Currutchet），1950 年

在这个典型的勒·柯布西耶结构中，水平层次不断被垂直的空间深深切断。
勒·柯布西耶特别偏好并坚持设计两层高、工作室一样的、带有朝向内院的阳台的起居室，这是众所周知的事情。这样的安排实际上跟他早年的住宅设计和埃玛修道院的标准单间很相似。从透明性的概念看过去，它们都获得了新的意义。

两层高的起居室，以及朝向内院的露台，显然带有某种民俗的色彩。*但是，它也体现了勒·柯布西耶对特殊效果（在此，就是水平和垂直线条）的强烈**反对，同时被推断**并**解决**（就是灵活地分享一块公共室外空间）：这就是**透明性**。

不同层高的两个分离的空间通过内庭园结合在一起，不仅是为了改善狭小空间区域的视觉效果，同时也是为了制造空间关系上的多义性。

迦太基别墅（Villa à Carthage），1928 年

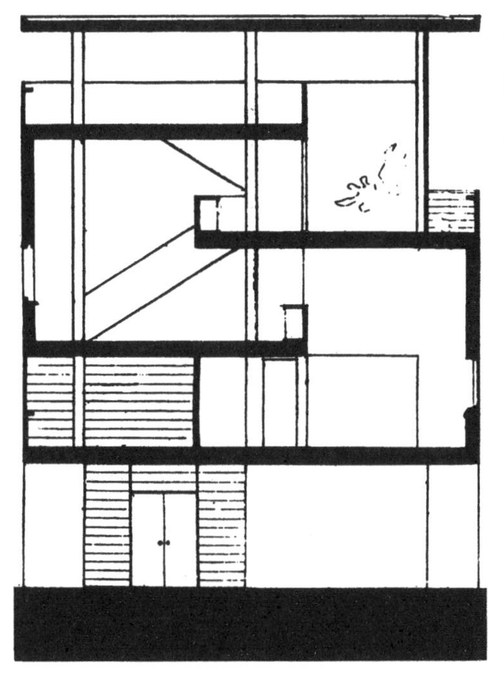

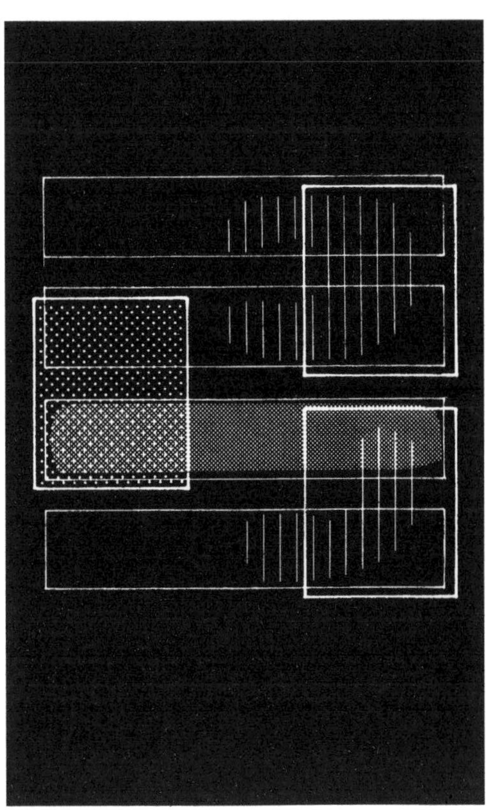

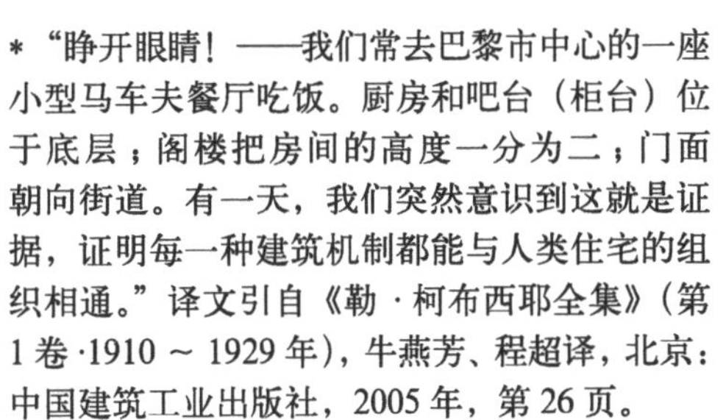

* “睁开眼睛！——我们常去巴黎市中心的一座小型马车夫餐厅吃饭。厨房和吧台（柜台）位于底层；阁楼把房间的高度一分为二；门面朝向街道。有一天，我们突然意识到这就是证据，证明每一种建筑机制都能与人类住宅的组织相通。”译文引自《勒 · 柯布西耶全集》（第 1 卷 ·1910 ~ 1929 年），牛燕芳、程超译，北京：中国建筑工业出版社，2005 年，第 26 页。

空间区域既有分化，也有整合。透明性概念使得对建筑功能和形式的可类比的分级成为可能。

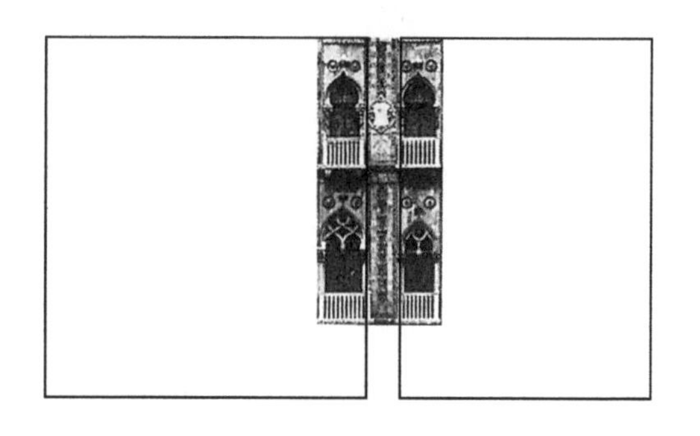

作为构图组织方式的对称法则是排外的、从属的和绝对的；作为构图组织方式的透明性法则则提供大量的彼此相关的视觉组合的可能性，并保证其开放性。

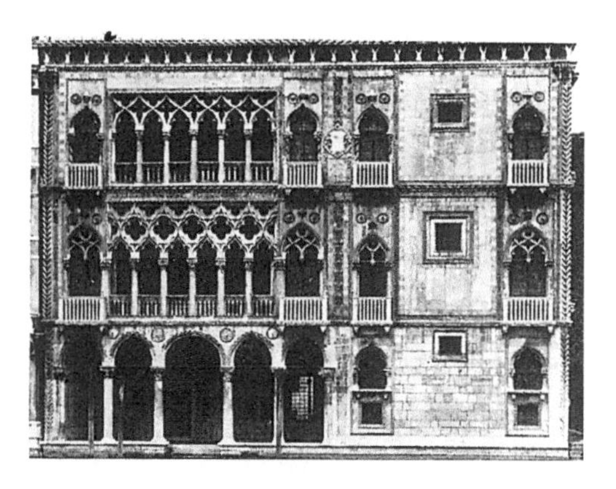

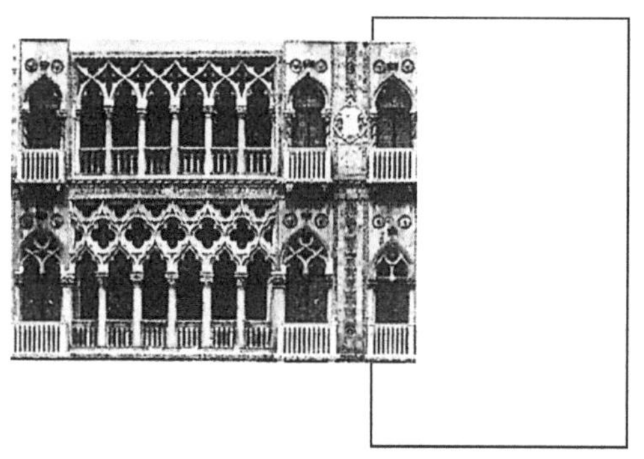

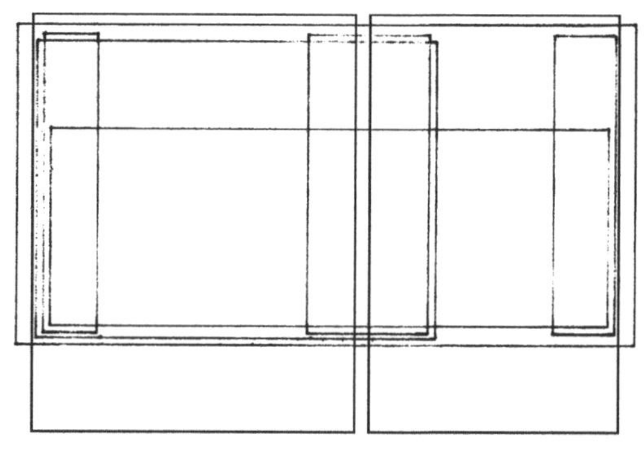

黄金宫（Cà d’Oro），威尼斯

形式元素在透明性组织关系发生作用的时候，**多样性的解读**被带入不间断的发展变化状态中；请与第 66 页比较：
“在事实与想象之间，辩证的往还片刻不曾停歇。”

1

2

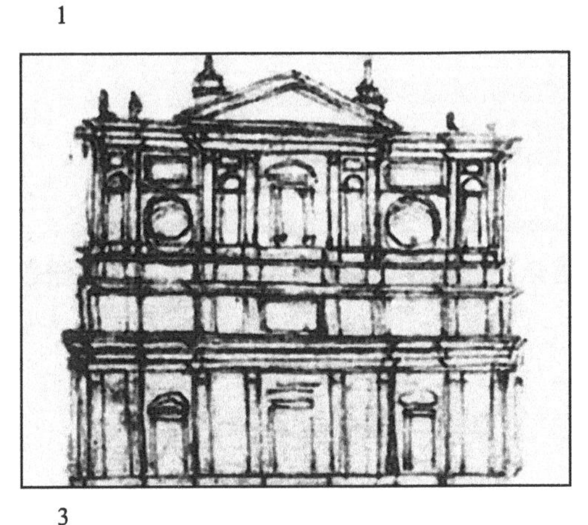

3

4

米开朗琪罗：佛罗伦萨圣洛伦佐立面*

这一系列立面设计草图，从 1 到 4，完美地表达了立面中横向低平的部分与占主要部分的中间耸立部分之间清晰但严格的对立是如何得到解决的。

在最后一个设计中，理想的状态是这样达到的：首先是垂直方向上的建筑层化组织，接着，水平排列的几排垂直元素通过持续不断的相互作用共同吸引着观察者的目光，所有这些都实现于大致统一的立面效果中。

立面组织中，每一个元素都是暧昧不明的，人们不断在形式和意义中发现新的关联。

* 柯林·罗和罗伯特·斯拉茨基早在 1955 年就援引了圣洛伦佐作为例证。

1955 年研究的一个续篇，是对这一完美立面中透明形式的深入研究；作者希望，前言中所提到的、对当前研究的另外两个续篇某日能够实现。

1973 年，在《Perspecta》第 13/14 期上，刊登了 1955 年研究的一个续篇，“透明性：物理的和现象的，圣洛伦佐立面分析”。第 293 ~ 296 页。

昌迪加尔最高法院建筑立面的设计，向人们展示了透明性如何成为立面设计中形式组织的手段。

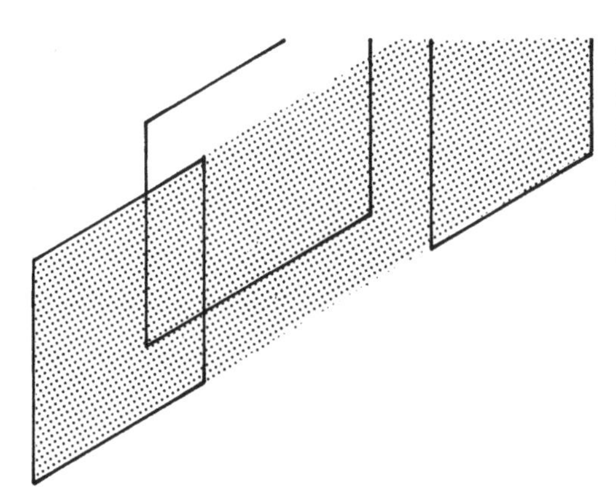

最前面的主题构图，是一排水平延伸的柱子，好像承重结构（1）。正立面的横向宽度与两侧的实墙是这排柱子的限定因素，它们因此而形成一个**垂直的空间界面**。屋顶的外缘和侧墙的窄边拉伸了空间，起到了绘图界面的作用，为构图划定边界。

1

2

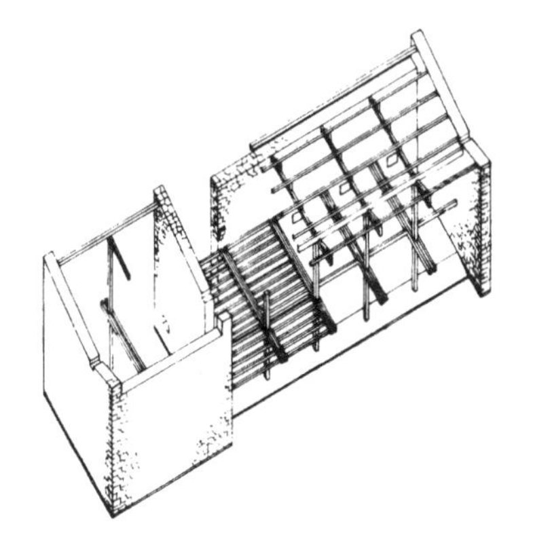

接着，**这套框架结构所暗示的界面被直接刺穿**，坡道系统的体量插入新形成的开口（2）。

在 1935 年设计的周末别墅“六分仪住宅”中，主要空间张力来自同样的途径、同样的方法。

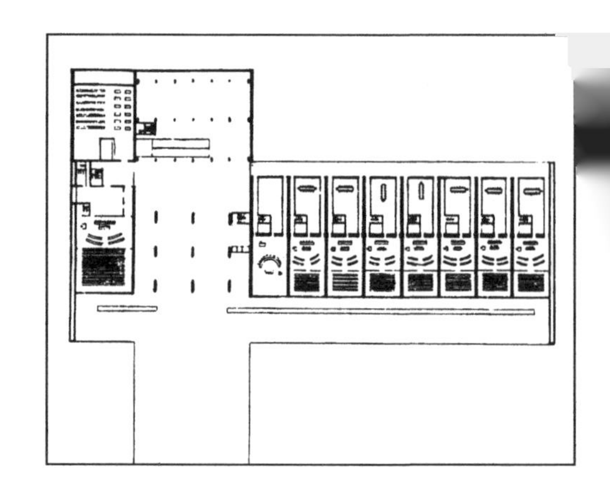

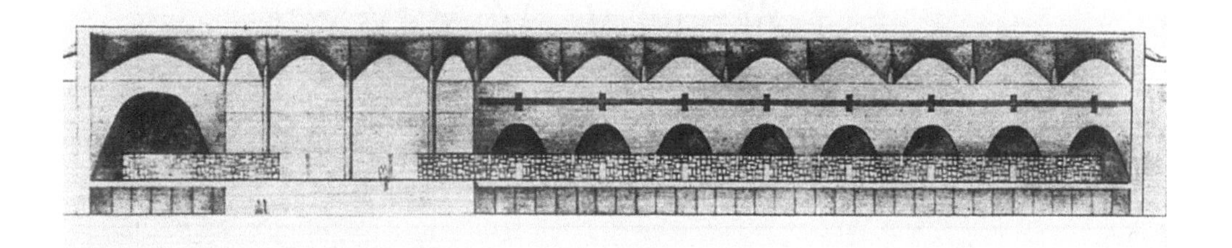

设计之初需要将所有结构元素**一一列出**；主要层平面对外清晰可辨，功能上就起到这样的描述性作用——多层结构的真实情形通过可见的分层昭示于外。所有的关系都很清晰；水平体系与垂直层状结构并未连接在一起。

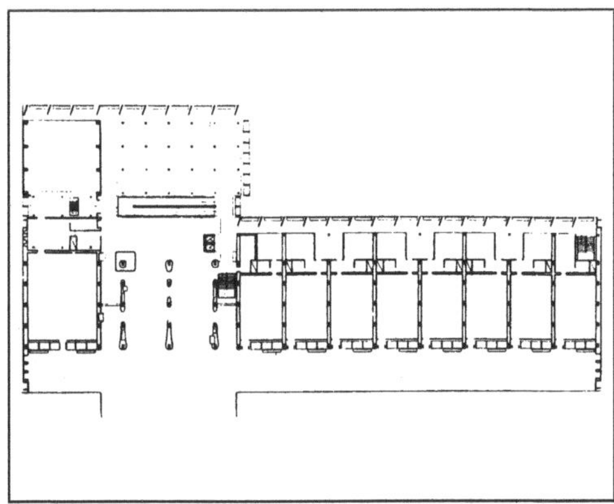

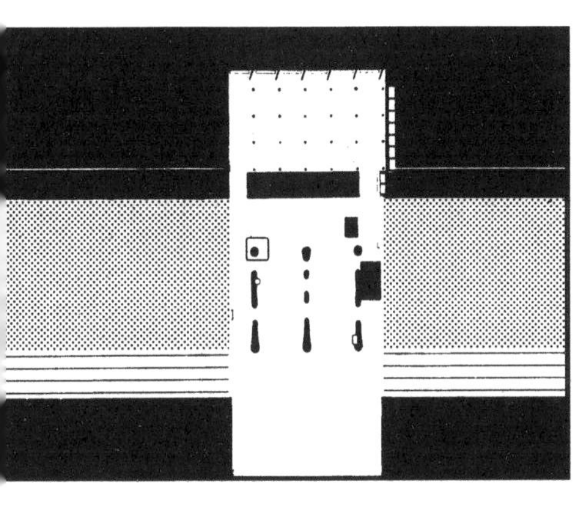

在最后的实施方案中，立面组织发生了极大的变化。它不再仅仅关注空间和结构元素的“逐字逐句”（word-to-word）表达。这些内容如今交织在一起，构成复杂形式体系的水平和垂直的**形式元素**共同**表达**，其中，不同的系统和层次交叠并互相穿插，正是这种复杂的交织状态孕育了透明性。

从正面看，那一排柱列在最上端好像是膨大的多孔混凝土表皮的一部分（或许是朗香教堂水平弯卷的墙壁的反转），这一点通过遮阳格栅细密的前界面暗示出来。

在视觉上，立面的两个层次，一个被放置在另一个立面之内，制造了一种空间包容的感觉。

遮阳板系统的最上面两层暗示着有一排垂直的结构在视觉上与水平延续的阳台**穿插或重叠。**

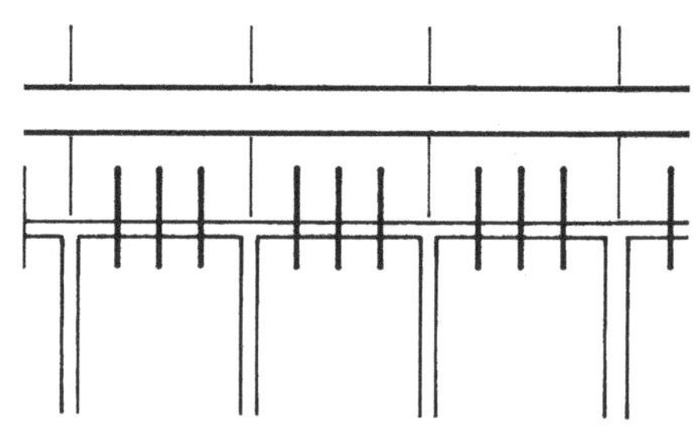

圣迪耶手工制造厂 (Manufacture à Saint-Dié)

水平系统似乎暗示着同垂直承重系统之间的排斥关系，二者通过这种关系联系起来。

遮阳板系统、外边框系统和成排柱列系统，三个层次的界面依次后退，这在圣迪耶手工制造厂项目中被清晰地分开；在昌迪加尔高等法院项目中，它们看起来似乎要相互渗透，结果又一次分道扬镳。

通过这种方法，“**事实与想象**之间的辩证统一”（见第 66 页）再一次被创造出来，这在隐喻的透明性中是典型的情形。

它促发了复杂性和连贯性之间不可分割的统一。

为了建筑教育的目的：

来自建筑学课程的一个实例：通过一系列平行线在一个包含重叠的矩形平面的系统内制造透明效果；接着，将这幅图看成一张平面图，把它发展成一套相互穿插的体量。

“现代性”的信条：终结于形式。请比较：**形式**作为手段，作为**设计的催化剂**。

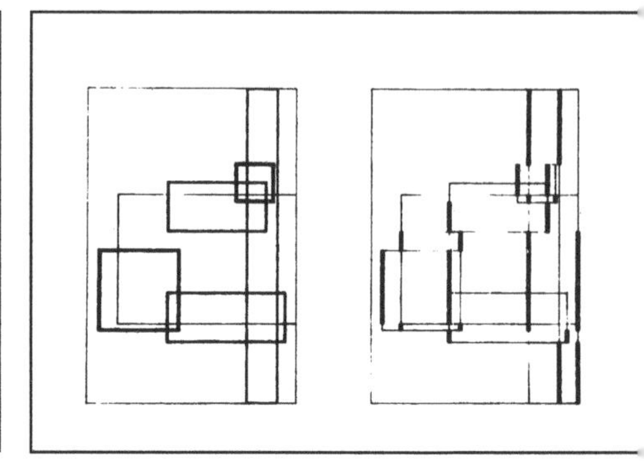

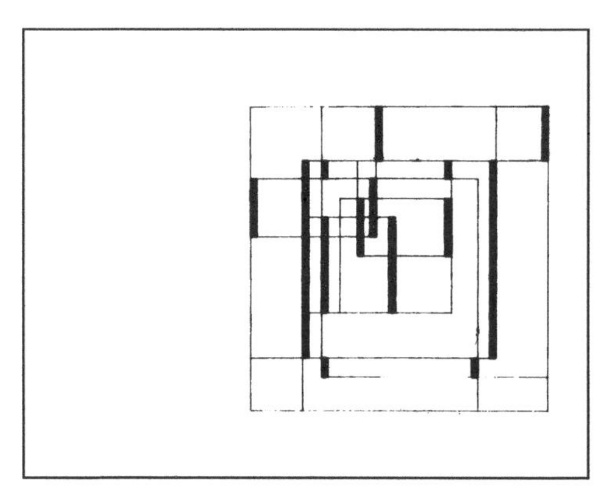

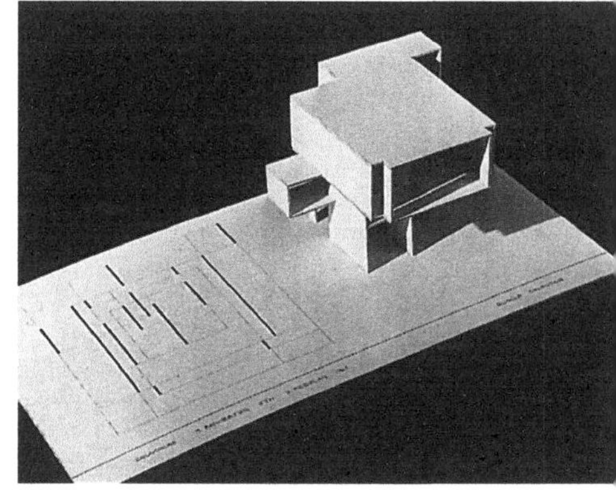

由是观之，透明性的概念导致了两个结果。首先，它为我们创造了重新观察熟悉的历史建筑的全新视角，释放了我们的思维，当我们从这个视角出发看待建筑和结构时，就超越了“历史的”与“现代的”之间的差别；其次，在设计的过程中，它是创造空间秩序的复杂系统的优秀工具。事实上，它对我们来说不仅是完全可能的，而且是不证自明的，这揭示了透明性同 1918 年以来的建筑发展之间的关联：它必须被看作历史。在我们熟悉的话语环境里，“现代性”被描述为正统的历史、经典的传承，从来不乏虔诚的信众，以及冥顽不灵的异教徒和野蛮人，这意味着对“现代建筑”的理解已经进入正轨。1950 年以前，这仍旧是不可想象的。

如今，已经很难设身处地地想象那个年代的事情。1953年，在法国艾克斯（Aix-en-Provence）召开的CIAM大会上，对20世纪20～30年代的建筑学进行质疑的声音首次出现，尽管它是那么笨拙："光辉城市"（Ville Radieuse）的模型失去了迷人的魅力，已经落后于时代。1954年，在伦敦，新一代站出来说话了，他们发表了"新粗野主义"（New Brutalism）的宣言，自觉服务于新的建筑潮流。粗野主义可说是启蒙一代的建筑师的初试啼声。他们对1918～1933年的建成作品、理论著述、宣言和未完成的作品了如指掌；同时，与随着"新建筑学"的传播成长起来的一代割袍断义，把他们看作属于历史的内容。在米兰，人们也试图为变革之风寻找方向；在瑞典，人们正在从斯堪的纳维亚狂热中恢复清醒。与此同时，天才的路易斯·康（Louis Kahn）在费城城市规划传统研究的风气中脱颖而出，冲破了坚如磐石的巴黎美术学院传统、弗兰克·劳埃德·赖特传统、密斯·凡·德·罗传统和勒·柯布西耶传统，在几年时间里，为时代奠定了不同于"现代建筑"的发展方向的基石。此后的发展也告诫我们，要对1918年以来建筑学中非主流和受压制的发展潮流予以关注并重新审视。

1950～1965年，建筑学跨过了一道门槛。从此以后，以线性的、连续的观点考察20世纪建筑学的发展不再可行。菲利普·约翰逊在《建筑评论》上对自己在纽卡纳安（New Canaan）的住宅设计进行评论，将之描述为新时代的先声；1954年3月，文森特·斯卡利（Vincent Scully）在《艺术新闻》（*Art News*）上发表文章，讨论弗兰克·劳埃德·赖特同国际式风格之间的关系等。与这些潮流一起，对建筑学中透明性概念的考察，同属于无数宣告着"现代建筑"运动走向终结的征兆之一。而这又难免让人猜想，建筑学中的*现代性观念*已经苍白褪色，风光不再。

苏黎世，1968年3月

补遗

(1982 年)

伯纳德 · 霍伊斯里

作为设计手段的透明形式组织

在 1968 年撰写的评论中，我特别关心如何为现象透明性概念赋予更广泛的意义，此前，柯林 · 罗和罗伯特 · 斯拉茨基确立了这一概念，在其中注入了大量的思考，并对勒 · 柯布西耶的两个设计——加歇别墅和国联大厦竞赛方案——进行了高度理性的图示分析。

首先，我的广义透明性概念是这样的：在任意空间位置中，只要某一点能同时处在两个或更多的关系系统中，透明性就出现了。这一空间位置到底从属于哪种关系系统，暂时悬而未决，并为选择留出空间。在我看来，这一描述可以用作评价形式—组织的标准，就好像评价对称与非对称一样。讨论形式—组织是否具有透明性，就好比用一片试纸来检验，揭示某种品质的独特属性，进行确切的描述，若非如此，这种品质即便没有遭到忽视，也必然需要大费周章才能揭示它。

将透明性实验应用于实践，是某种形式方法论的一部分，它把对现象确切的描述看作所有洞见、理解和知识的不可或缺的前提条件。这种观念，起源于对知识进行系统化的努力的伟大传统，拿植物学来说，在卡尔 · 冯 · 林奈（Carl von Linné）的无与伦比的事业中达到顶峰。

脱离了历史文脉讨论建筑或城市脉络，打破时代和风格的限制，让它们肩并肩地接受考察，坚持认为年代相隔久远、具有不同社会形态、科技发展水平和政治条件背景的建筑作品拥有共同的品质，必将让历史学家感到迷惑、震惊和失望。但是，我们绝不是为了将特定的建筑从它的历史背景和文化脉络中抽离出来；寻找透明性，只是寻找将其特征形式的一部分独立开来考察的可能性。

透明性的概念引起人们对差别的关注，这有利于理解存在于事物中的独特性和相似性的特征。特别是在一个建筑师们似乎将历史看作一台自助贩卖机，里面储满了取之不尽、用之不竭的形式和主题的时代里，迎来一种精确的工具，在它的帮助之下弱化主题、形式和效果，使之回到“本质的事实和动力”的基本形态[1]，不仅大有裨益，也能避免狂热，保持冷静。这样，我们就可以从这里出发，从我们自己时代的组成要素里概念性地创造出真实的主题和形式，在理解层次上将浅尝辄止与滥用误用彻底摒弃。[2]

1968 年，从大量的实例中发现并证实了现象透明性，我力图将新的观点传达给大家，即：作为一种形式 – 组织元素中的关系状态，透明性也可以看作并用作一种形式组织的手段。这一观点理应得到强调，并进一步澄清。

就在我发表了那篇评论后不久，建筑学界就进入了急速的“大论战”阶段。我们被告知，建筑学是社会学的一种表现形式，如果非要拿建筑来说事，那它充其量只能算是一种社会工程。已经不可能有对于建筑形式的兴趣，它被贬低得一无是处，甚至被“揭露”出真实面目，原来是“压迫的工具，代表了统治阶级的利益，破坏公共事业的蛀虫”。建筑形式问题的价值遭到普遍轻视，空间被认为是建筑师们的胡思乱想。

如今，谁也不会抱怨人们对形式的兴趣太匮乏了。形式，带着复仇的架势，回到话语的中心。带着伤害和挫败，怀着对所有人的愤慨，“功能主义”首先被打入冷宫，因为它错误地将形式看作结果；如今，形式摇身一变，已经成为类型学的代言人，或建筑构思的前提。我们惊悉：建筑形式务必主张“自治”——无论它们本身是否喜欢如此。

形式，既不是自身的终结，也不是设计的结果，而只是设计的手段，这样的观点如今看起来似乎仍然很难把握。

形式的困境

显然，一个人创造形式，必然是为了指代或传达某些信息。形式有本来的样子，可是某人希望把“这个东西就是这个样子”的观念传达给别人，就只能通过指代来表达。表达的人总是希望被理解。故而，建筑形式通过两个途径遭到误用：通过它同建筑实际用途之间的关系，或者通过它作为信息的本质。

显然，解释建筑形式的起源或者界定形式与功能之间的关系，有很多可能的方式。各种方式都主张将建筑内在的功能和目的同外在的表现结合起来。

眼下，如果建筑形式是“自治”的，如果它必须同特定建筑的目标和内容一刀两断，从明确可见的功能用途中解放出来，那么我们就牺牲了真实，进而违背了建筑伦理。

如今，有两种截然对立的、关于形式与内容的观点引起我们的注意，两者都宣称自己是正统观点—— 一个身处守势，伺机而动；一个咄咄逼人，欲盖弥彰。

首先是想象中的“功能派”，他们争辩说：“不必强求所有类型建筑的功能都统一在相同的形式外衣之下。为了视觉的愉悦或建立某种关联而选择一种外在形式，不必求助于内在功能，让我们把心灵当作能量之源，由内而外地表达。最舒适的房间尺度与安排是组成一栋建筑最基本的部分，它们首先要被确定下来；要充满光线，要空气流通，这样，我们就获得了房屋的基本框架。”[3]或者，正如路易斯·沙利文（Louis Sullivan）在《一个概念的自传》中所说：“……一个建筑的功能必须预先确定其形式，并对其进行组织。”这种观点起源于对生物和自然形式的观察，显然带有类比的意味。

它预示了勒·柯布西耶诗意的描述：“建筑就像肥皂泡。如果里面的气体均匀而分布得当，这个泡泡就表现得完美、和谐。外部是内部的结果”。[4]这种对建筑学中目的和形式之间关系的理解方式，在原因与结果之间建立了关联。以数学的观点，一栋建筑最终实现的形式可以看成其自身预期功能的函数：$y = f(x)$，依赖于变量和常数的一个变量，就像那古老的谚语：“形式追随功能”。

第二个出场的所谓的“理性派”，观点与前一类人恰恰相反，他们主张“功能追随形式”。鉴于历史上很多实例证实了这一说法的真实与有效，它一直不乏坚定的支持者。历史上大部分建筑都表明：基本的、恒定的形式可以容纳不断变动的功能。位于克罗地亚斯普利特的戴克里先旧皇宫（Diocletian Palace of Spalato）、罗马帝国的图密善体育场（Stadion of Domitian），无限显赫的名单上，建筑与人造物的名字交相延续着，它们无不佐证了这一观点。

如果说第一种主张与密斯 · 凡 · 德 · 罗最激进的论断相印证，即那句“我们拒绝承认形式的问题，只承认建筑的问题。形式不是我们工作的目的，它只是结果。形式，就其自身而言，根本就未曾存在过……”[5]第二种观点则宣称，在建筑学领域中，有且只有形式的问题，而设计仅仅意味着形式的变化，通过扭曲等方式对形式进行编辑，通过援引类型学意义上的原型达到目的，在此过程中，建筑功能问题自然而然就会迎刃而解。

当然，这些流行在 19 世纪 60 年代末的、貌似革命性的姿态，早在 19 世纪 50 年代初期就被眼光老道的马修 · 诺维茨基精确预见。他以一种轻松调侃的、老练圆熟的、更少挑衅的和略微令人迷惑的口吻说 :“形式追随形式”。

在这场论战中，两种截然对立的意见却有一个相似的地方 : 他们都只关心形式和功能之间哪一个更具优势，哪一个更优先，哪一个更重要。不是这个，就是那个，没有折中。

弗兰克·劳埃德·赖特也对这一问题作出了贡献，他说:“形式和功能一体两面，不可分割”。这种说法代表了一种远离纷争的超然态度。如果应用于实践，这一信条将演变为一条预言，它暗示着“形式是设计的手段”这一观念。是的，建筑学中的形式可以被理解为手段——既不是类型学上先验存在的、迫使其他要素从属于它的原型，也不是一系列前提作用之下的结果。

建筑或城市文本的用途和形式，可以仅被看作同一事物两个不同的侧面。而设计的过程，则意味着必须通过谨慎而耐心的工作使二者有机地融合在一起，这一过程伴随着相互关系的调整，使彼此更趋协调，并最终可以通过对方巧妙地表达出来。

显然，这预示着一种很特别的理智态度。你必须抛弃黑白判然的立场和观点；你必须准备接受泾渭分明的，乃至于势同水火的概念不必非要互相排斥的事实，并承认在持久的论战中，“确定性”只是暂时性的存在，交战双方都通过对方的立场来补足并完成自己的观点，展开有来有往的对话，或者说:既要这样，也要那样。

关于建筑空间概念的补记

“功用”（use）这个词所代表的全部意思，也就是一栋建筑所意指的全部行为，都可以通过空间表现出来，这与“形式”（form）这个词的含义并无不同。空间可以被看作形式与功用的公共母体。这么一来，似乎有必要据此对空间的概念作一简要介绍，作为进一步思维训练的参考。

空间的概念是一种创造。它们自有其功用、生命周期和历史。我们从自明的论断开始：空间最主要是有意识的人类的基本生存体验。“捕获空间是生物的第一要义，……占有空间是生存的首要证据。”[6] 我们能认出，这是柏拉图的空间：“所有造物和可见……事物的母亲……，容纳所有事物的永恒自然……从来也不会在某个时间以某种方式获得形体……”[7] 假如把它称作“自然空间”，上述表达既没有任何帮助，也没有任何损害。笛卡尔（Descartes）通过算数与几何获得进入“普适空间”的途径；在 17 世纪后半叶，牛顿在物理学方面成功地找到主宰这个空间的普适法则。我们能够描述这个数学—物理的空间，它是均质的、无方向的和无边界的。似乎心理学方面也将这样的空间当作认知的基础。[8] 几乎不必多言，这样的空间中绝不包含万物有灵论，也没有勃勃生机，它既不膨胀，也不萎缩，几乎就是停滞不动的。它只是在那里，没有任何神秘可言，它就是存在本身。

为了创造建筑空间，人们必须介入数学—物理空间进行，从中认领一块并标记它，将其据为己有。建筑空间就这样变得显而易见，能够被人们体验，换句话说，空间就这样被界定出来。人们能够区别两种不同的空间定义。

第一种：空间的限定元素（如墙体、屏障、窗间墙或柱子等）通过设定边界、限制、包围、环绕、容纳，将一块数学—物理空间限定出来，使其可以被感知。空间的外围或空间的边界必须被创造出来，空间限定的感觉通过空间边界所带来的围合尺度来实现。这样一来，人们就可以区分室内、室外、“里面”的和“外面”的空间，以及处于物体之间的空间（图 1）。

第二种：一个空间界定元素，被其自身的体量激活，成为数学—物理空间某处的一个存在物，它占据空间，并由此“排挤了空间”，从而让我们感受到空间的存在。

数学—物理空间的部分基础被建筑学的限定所转化：它们变成了建筑学空间，

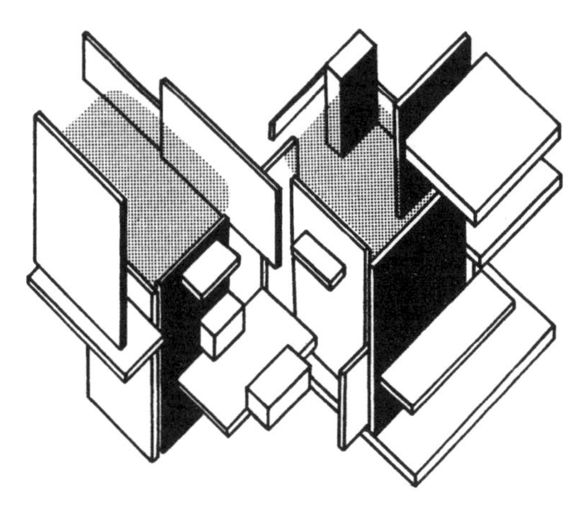

图 1 杜伊斯堡（Doesburg）的图式

具有独特的品质和属性。

这种建筑学意义上的空间在概念上形成连续的媒介，涵盖了感觉上完全不同的空间和体量、虚和实（图 2）。

我们一旦看到并领会到实与虚共同参与并共同构成了完整的图底关系，再去强调两者之间截然对立的感观本质就毫无必要了。

我们知道，建筑、体量都包含空间；而在建筑学中，“实体”只是个描述实心体块的术语。建筑物内部和建筑物之间的空间也处于同样的介质中间，也是同一个整体的组成部分（图 3a、图 3b、图 3c）。也可以通过类比，认为“实”的部分（建筑体量）与“虚”的部分（空间）只不过是连续空间肌理的显性表征。

关于连续实体和虚空相互补足的图底关系的二元概念，正如所有证据所显示的那样，正是现代主义建筑中连续空间的概念。弗兰克 · 劳埃德 · 赖特通过经验主义的方式在 1893 ~ 1906 年触到了它，风格派用它们的空间实验预示了它，密斯 · 凡 · 德 · 罗构思并通过它进行设计，一点儿都不少于勒 · 柯布西耶[9]：连续空间是两个人作品的共同点，除此之外，倒是差异比相似之处更为普遍。它是基本参照，同时也允许类之间存在差别（图 4）。

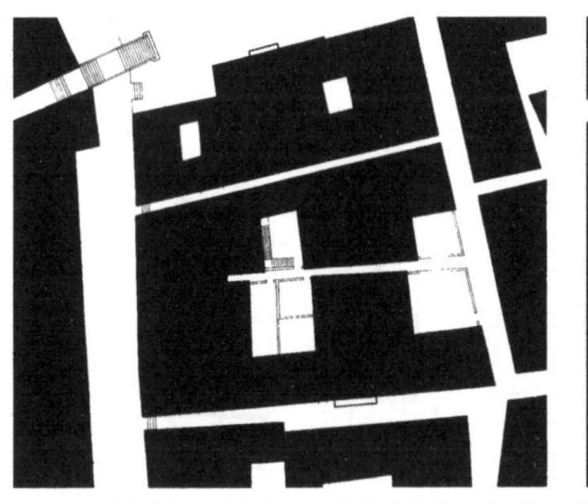

图 2b　实（体量、体块）与虚（空间）之间表面上的对抗

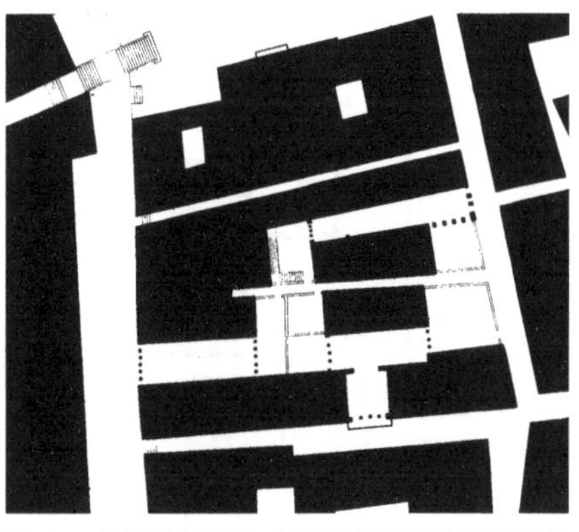

图 2c　空间边界所造成的围合程度作用逐渐变化，到一定程度，感觉上“内部空间”好像成为“外部空间”的一部分。空间成为连续的整体

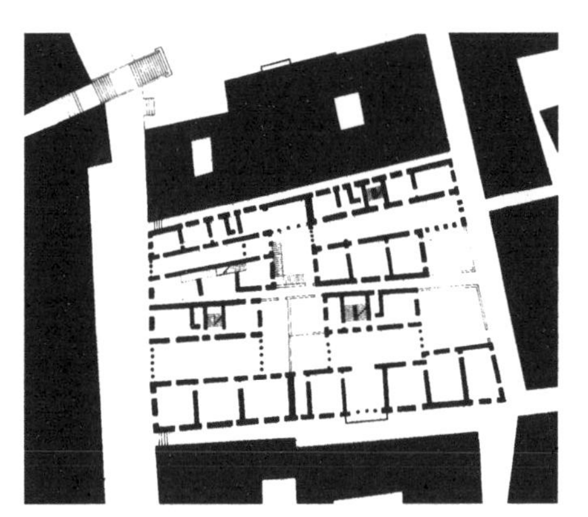

图 2a　连续空间脉络中的空间限定元素

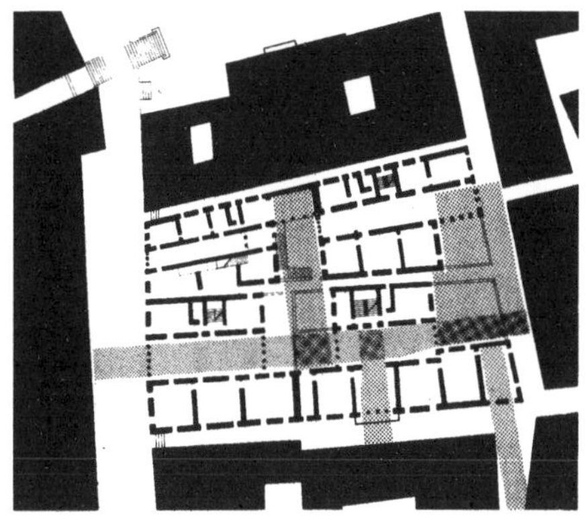

图 2d　相对于其他更加“内部”的空间而言，“内部空间”可以成为“外部空间”。这些都有赖于围合的程度

在詹巴蒂斯塔 · 诺利（Giambattista Nolli）的地图表现法中，这种连续空间也有体现：广场空间仿佛直接延伸到教堂内部，一直达到带柱廊的大厅，尽管更加显眼，但看上去没有什么不自然的地方（图 5）。

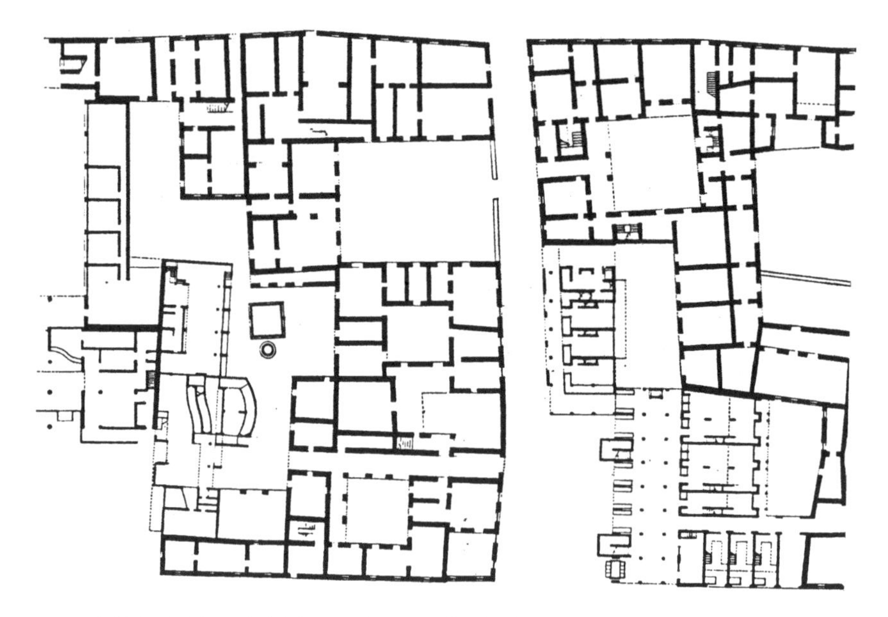

图 3a 围合的程度决定了建筑空间可以在何种程度上被感知

完全没有必要发明一些天真烂漫又引人发笑的术语，像“空间与反空间”，或“积极空间（对虚空而言）与消极空间（对实体而言）”[10]——前一个轻率而笨拙地向原子物理致敬；后一个显然是将数学里面的正数负数概念推广到空间领域，转换得并不成功。没人关注为何要大费周章地作出如此区分，也没人关心区别到底有何意义可言，就这么匆忙下定义显然缺乏说服力，因为这么做的时候人们不经意间应用了日常生活中对体量和空间的模糊认识，却想当然地指望它能够成为有活力的概念。我认为应该建立一个普适的概念，它不容许例外，但它对特殊情况有着充分的准备，并将其解释为个案——而不是为每一个个别的现象提供一个新的词汇、给予一种新的定义。在此，援引伯纳德·贝伦森（Bernard Berenson）的一段不耐烦且暗含挖苦的话可能会帮助理解，它出自《美学和历史》（*Aesthetics and History*）：“……结果那些德国思维的艺术著作就越来越沉溺于

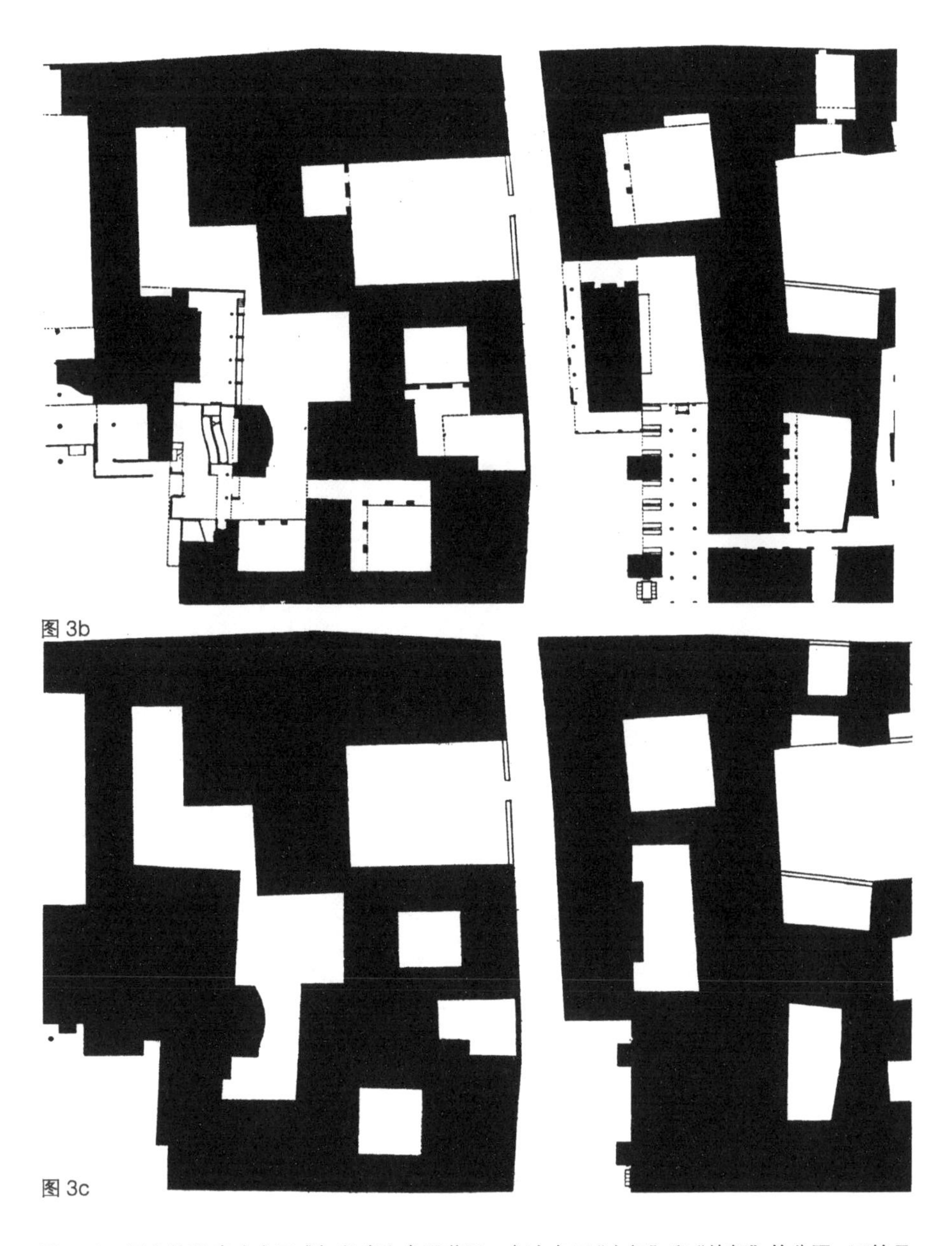

图 3b

图 3c

图 3b/c　围合的程度决定了感知程度和参照范围；它决定了“内部”和“外部”的分野，不管是对图还是对底来说都是如此

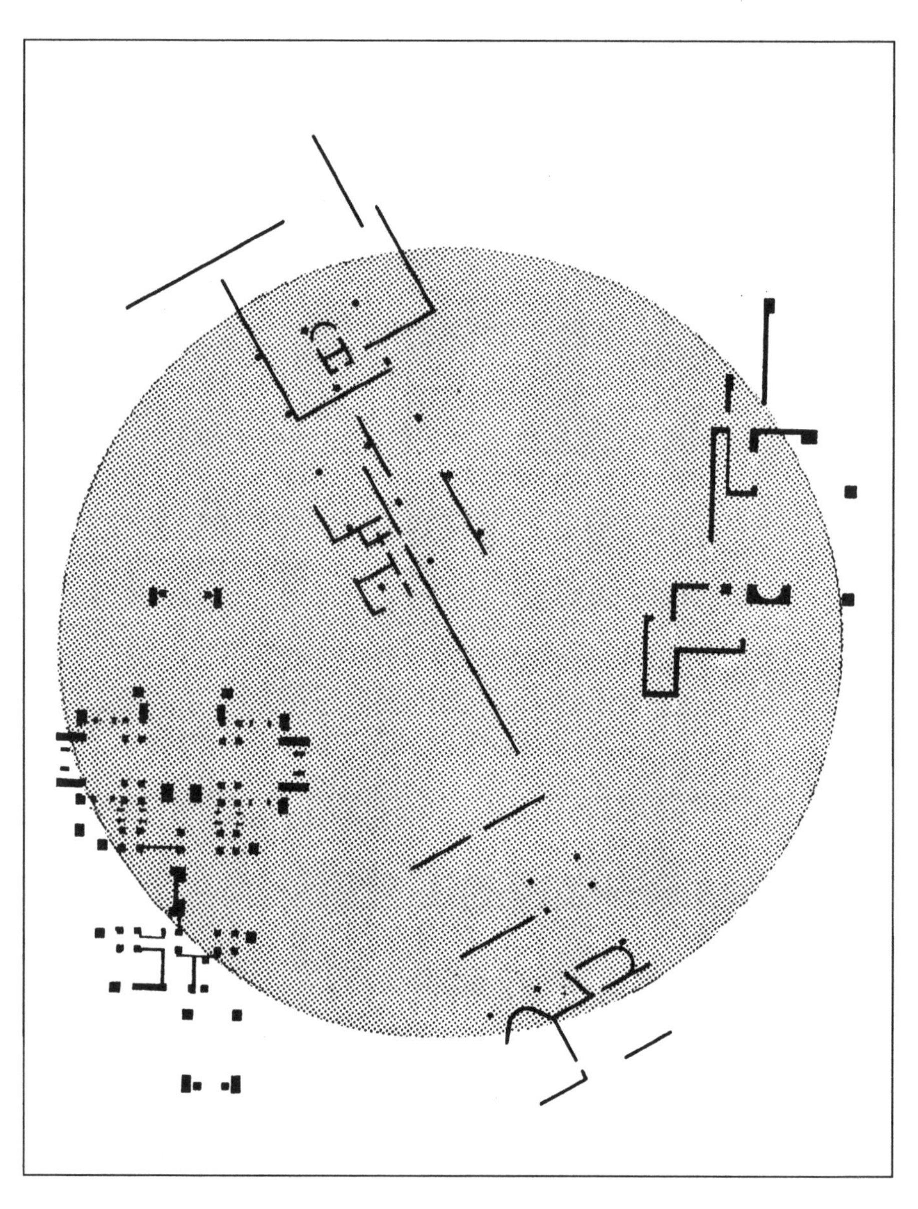

图 4　空间界定元素——墙体、窗间墙、柱子、楼板——在连续空间的介质中各司其位，共同决定了建筑空间不同的围合程度；这就是所谓的“同一事物的不同程度或阶段”。亚瑟·德莱克斯勒：《密斯·凡·德·罗》，拉芬斯堡，1960 年，第 15 页

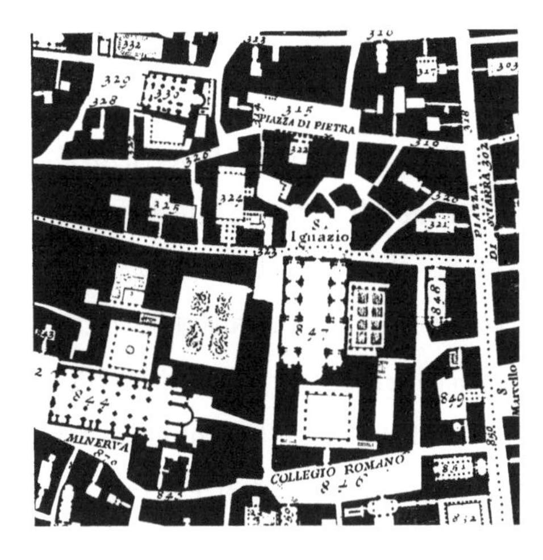

图 5a 在詹巴蒂斯塔·诺利的绘图中，街道、小巷、广场或花园的“开放”空间

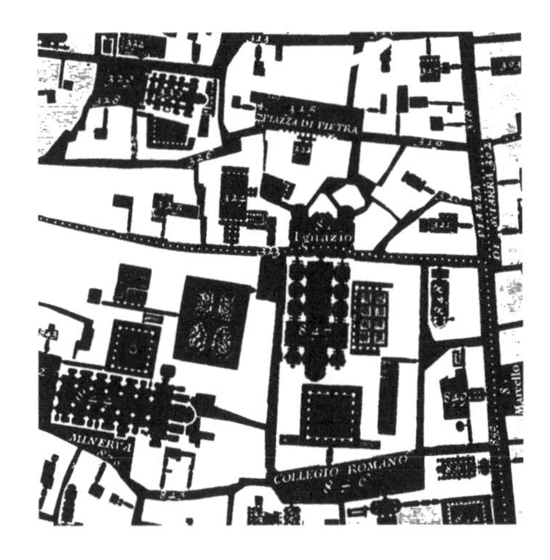

图 5b 延伸到教堂主要的“内部”大空间中，这种技法很可能只是凭直觉进行的无意识表现，它所表达的连续空间的图底关系中，实体和虚空只是在口头上或感受上截然分开，在概念上则相互补充，成为同一媒介的两个相辅相成的方面——“即便这是不正确的”，我们有理由这么解释

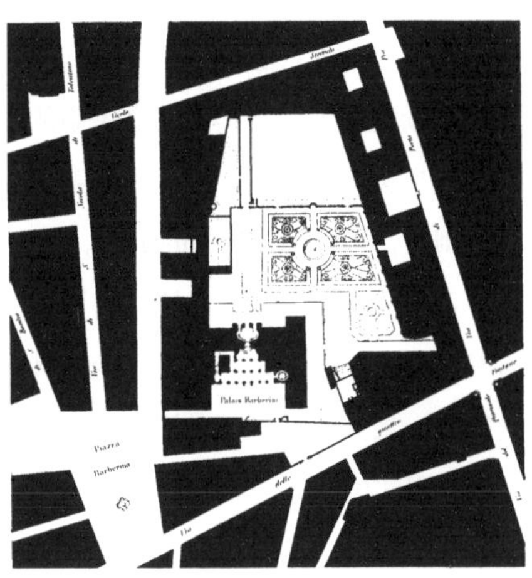

图 5c 巴贝里尼广场（Palazzo Barberini），P. 李特若利（P. Letarouilly）绘制

一些名词概念诸如‘空间决断’、‘空间填充’、‘空间扭曲’、‘空间这个’、‘空间那个’……”[11]

以正确的态度对待空间，恰恰是开放社会对大多数人的接纳和认可的结果。在那里，矛盾不仅得到容忍，也会得到尊重，它们被看作人性中与生俱来的内容，而对话的态度成为双方的共同利益的基本保证。另一方面，那些谋求远离复杂性，通过删减问题、求诸于想当然的权威或向“历史”投降来寻求避难所的社会，则往往把精力集中于个别的事物。如果这种推测是正确的，如果这种判断没有问题——考虑到新理性主义者们（Neo-Rationalists）对形体（volume）的偏爱、对空间的忽视以及他们即便面对城市文本之时也不能掩饰对个别对象的持久关注——我们似乎也可以加入他们，希望持续抵制所有关于“立体主义时刻”[12]的记忆，持续回避未被探索、拥有无尽可能的现代空间的态度能够被人们接受，希望这一天早日到来；如果没有选择这条道路，我们必将深怀忧虑，害怕“空间新世界”[13]将永远消失，一去不返。

连续空间中虚与实的图底关系的概念，允许在相反相成的空间两极中自由摇摆，虚与实不再是相互排斥的关系，而是互相预示的关系。作为同一个整体的部件或侧面，它们具有同等的价值，享有“平等的权利”。所以，建筑中的空间与建筑体正如一对陷入永无止境的辩论中的主人公，它们为“到底是谁日益反驳并澄清着对方的观点”这一问题争论不休。[14]在这个二元空间概念所描绘的空间里自由往来，最大限度地帮助设计师处理属于多数的、复杂的和矛盾的问题——来应付日常现实中激增的需求。

就当下情况而言，空间的概念认为空间的世界由两个互补的方面（实与虚）组成，正好成为透明性得以萌芽的土壤。这并不是说连续空间的概念是透明性存在的先决条件之一，或者透明的形式组织必须依赖于这个概念。但是，在了解这一概念之后，我们可以建立一种思维，排斥“非此即彼”的态度，愿意并能够接纳解决矛盾、容忍复杂性——正与透明性的空间组织两相协调。这样说来，连续空间的概念和透明性的空间组织都可以看作一种思维框架的显现，一种为另一种赋予意义。

透明性——设计的手段

透明的形式组织应该用作设计的手段，应成为创造理性秩序的技术，如同轴线的添加和对称的重复。作为形式组织的透明性产生明晰，同时也容忍混淆和模糊。它为整体中的每一个部分分配确定的位置和独特的作用，但同时为它赋予几个不同任务，在其中的每一个任务中，人们都可以一次又一次地看到属于它的独特性，只要事先决定循着哪一条脉络进行考察。这样，透明性就同时成为强制秩序和自由选择。透明性的模糊组织对于建立秩序特别有益，同时也在寻求摆脱控制。它出现在建筑多种多样又不可调和的情况中，这种自相矛盾的期望，却有可能在完美的设计中得到解决。作为形式组织，透明性无所不包，它能吸收矛盾，也能吸收局部特异的内容，例如局部的对称，不致对整体的连贯性与可读性造成危害。

由于透明性组织容忍甚至鼓励对整体系统的不同部分之间的交互联络的多元解读，因而具备了一种内置的弹性应用（图 6）。弹性存在于可能的解释当中，通过对特定空间安排所提供的多种可能性的弹性应用，而不是可移动部件的物理弹性的应用来实现。如此一来，我们又一次获得了活性的张力，在表象与暗示之间，在物理事实与人为阐释之间。

由于透明性组织鼓励多层次、多元化的解读，也提倡个性化的解释，它激活思考，包容差异。人们不再是“外部的旁观者”，他们亲身参与，成为整体的一个部分。他们参与对话，必须作出决策。而且，当阅读一个立面，不得不从几种可能性中选择一种可能的解读时，他就凭借想象成为创造性过程的一部分。

如果对待主题的视觉要领和个人解读占据主位，则意义可以成为一种品质，通过累积、沉淀来实现，而不需要附庸于可能会产生意义的形式或主题，也不需要先例。这样，意义就会存在于偶然的过程，以及参与者对对象反复的认同之中。意义在个人参与中开花结果，可能性解读中的某一个被聚焦，本来它在形式－组织中处于隐含的、内在的和暗示的地位，如今意义被创造出来。

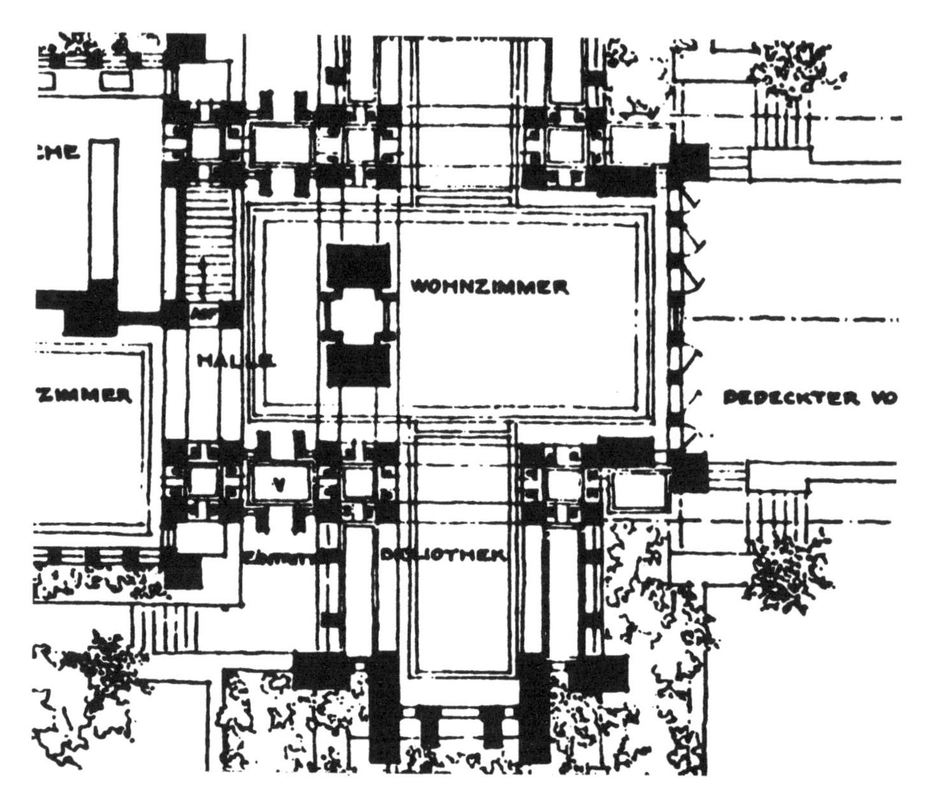

图 6　弹性的应用：为可能的应用提供适合不同差异的空间，是透明性空间组织的作用。每一块都可以从整体中剥离，同时仍然是整体的一部分（弗兰克·劳埃德·赖特，马丁住宅，布法罗，1904 年，平面细部；参见本书第 104 页）

正是由于这个原因，似乎在多元需求的时代，对于矛盾的渴求、个人的寄托和手法主义的倾向如反转与影射都被容纳，而透明性的形式－组织关系也许有着特殊的价值，应该得到特殊的重视，唯有在那里，从矛盾条件中提炼形式的可能性才能持久生效。

看起来透明的形式组织能够成为设计的有力工具，因为它容许“拼贴”（Collage）。这种态度，有利于达到“多元参照物的杂乱的整合之路”。[15] 它将拼贴具体化为一种鼓励“利用手头工具的政治”、一种“愿意利用来自人类劳动的边角余料和现成物”的活动。[16]现象的透明性作为形式－组织的手段，让异质的元素在复杂的建筑和城市组织中合为一体，把它们视作集体记忆的精华，而不是糟粕。

1 伯纳德·贝伦森（Bernard Berenson）：“文艺复兴时代的意大利画家”（Italian Painters of the Renaissance），《子午线》第40期，1957年，第180页。

2 我所应用的“真实”一词，来自克里斯蒂安·诺伯格－舒尔茨（Christian Norberg-Schulz）。参见：“走向真实的建筑学”（Toward an Authentic Architecture），出自《过去的重现》（*The Presence of the Past*），学术版，伦敦，1980年，第21页。

3 霍拉提奥·格林诺（Horatio Greenough）：《形式与功能》（*Form and Function*），加利福尼亚大学出版社，1947年，第60、61、xvii页。

4 勒·柯布西耶：《走向新建筑》（*Vers une Architecture*），文森特出版社，Fréal，1958年重印版，第146页。

5 菲利普·约翰逊：《密斯·凡·德·罗》，纽约现代艺术博物馆，1947年，第184页。

6 勒·柯布西耶：《空间的新世界》（*New World of Space*），纽约：雷纳德和希区柯克出版社，1948年，第71页。

7 鲁道夫·阿恩海姆（Rudolf Arnheim）：《建筑形式动力学》（*Dynamics of Architectural Form*），加利福尼亚大学出版社，1977年，第9页。

8 同上。

9 亚瑟·德莱克斯勒（Arthur Drexler）曾这样评价巴塞罗那世界博览会德国馆：“内部空间成为平面之间流动的介质。内部和外部空间不再严格地区分开来，如今都成了同一事物的不同程度或阶段”。亚瑟·德莱克斯勒：《密斯·凡·德·罗》，拉芬斯堡（Ravensburg），1960年，第15页。而勒·柯布西耶用这样醒目的句子记录庞贝城的房屋：“内部没有别的建筑元素：光线、大片反光的墙壁和地面，地面是水平的墙。要让墙受光，这是造成内部的建筑元素。”勒·柯布西耶，《走向新建筑》，文森特出版社，Fréal，1958年重印版，第150页。

10 斯蒂文·彼得森（Steven Peterson），“空间与反空间”（Space and Anti-Space），《哈佛评论》（*Harvard Review*），第一卷，MIT出版社，1980年春季，第89页。

11 伯纳德·贝伦森：《美学和历史》，道布尔迪·安科出版社（Doubleday Anchor），1954年，第97页。

12 约翰·贝格尔（John Berger）：《立体主义时刻》（*Moment of Cubism*），维登菲尔德和尼克尔森出版社（Weidenfeld and Nicolson），1969年。

13 勒·柯布西耶一本书的名字，纽约：雷纳德和希区柯克出版社，1948年。

14 柯林·罗的得体措辞。参见《理想别墅中的数学以及其他文章》（*Mathematics of the Ideal Villa and Other Essays*），MIT出版社，1976年，第194页。

15 柯林·罗和弗瑞德·科特（Fred Koetter）：“拼贴城市”，《建筑评论》1975年8月，第89页。

16 同上，第83页。

透明性——设计的手段

城市修复，瑞士巴塞尔斯巴伦沃大街（Spalenvorstadt）必须填补沿街墙壁上的一个缺口。设想是，不仅要“织补”这个缺口，也要将组合立面A中的异质元素统一起来，同时整合9号、11号和13号建筑，作为立面的终结。我们将A组合立面中的质感元素提炼出来，作为透明性组织的材料，缝补这个缺口。*

* 霍伊斯里、简森（Jansen）、卢塞克（Lucek）以及其他建筑师的竞赛参赛作品，苏黎世，1981年。

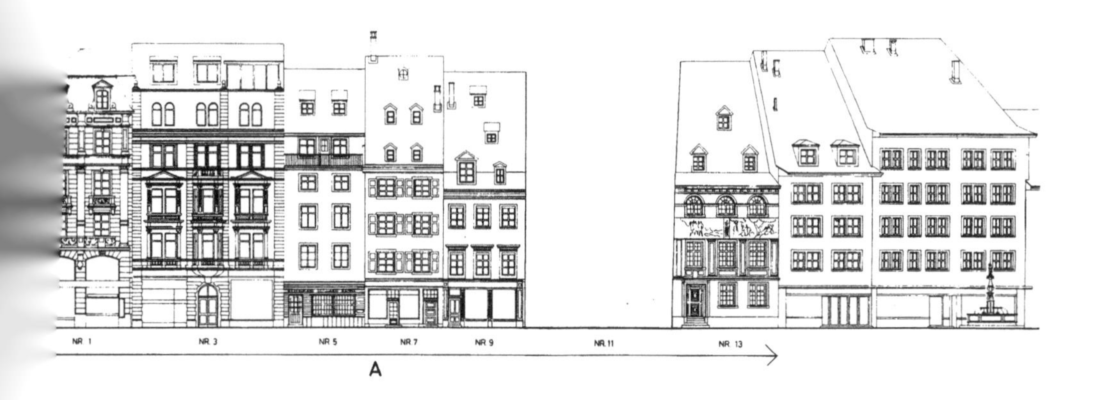
NR 1
NR 3
NR 5
NR 7
NR 9
NR 11
NR 13
A

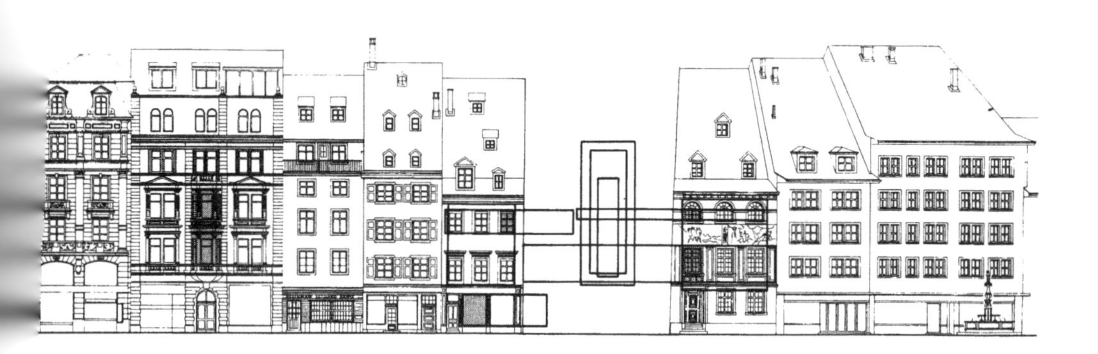

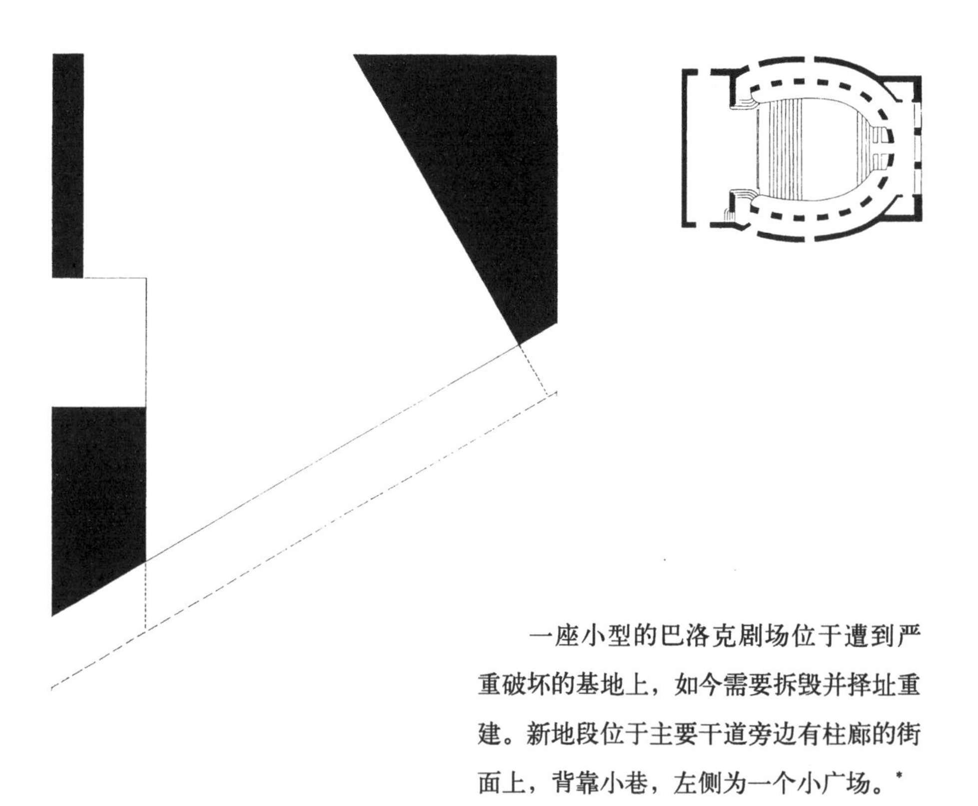

一座小型的巴洛克剧场位于遭到严重破坏的基地上，如今需要拆毁并择址重建。新地段位于主要干道旁边有柱廊的街面上，背靠小巷，左侧为一个小广场。*

* 霍伊斯里教授指导的学生讨论方案，苏黎世联邦理工学院，1979 ~ 1980 年。

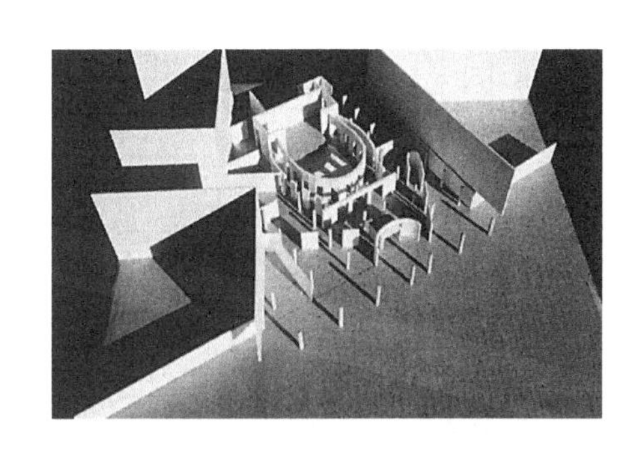

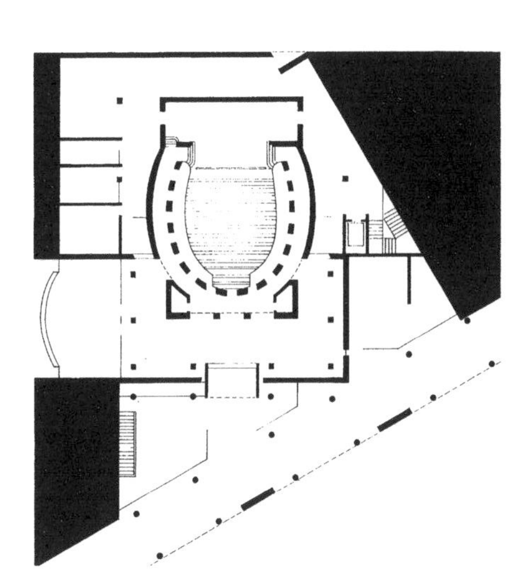

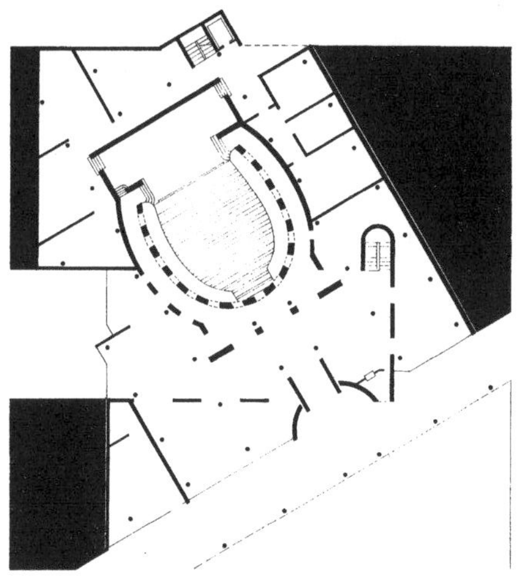

将剧场布置在主轴线同街道立面成一定角度的方向上，通过这样的方式，内部大厅空间处在透明的位置，成为剧场的前奏和广场的延伸。将空间序列向街道方向作调整并不合适，这样一来，外部休息室被减弱为剩余空间，那里本来是用作门廊的。

将剧场主轴线同沿街立面垂直放置有一个问题，就是如何处理同左侧广场的关系。通过透明的组织方式，前厅部分成为空间网络丰富的地带，在那里，两个方向的建筑关系共存并融合。衣帽寄存室、休息区、酒吧、小卖店以及前厅在空间上成为整个建筑的门廊，而从图底关系上又形成一个整体。这种处理方式得益于透明性的介入，看起来比前一个方案更成功。

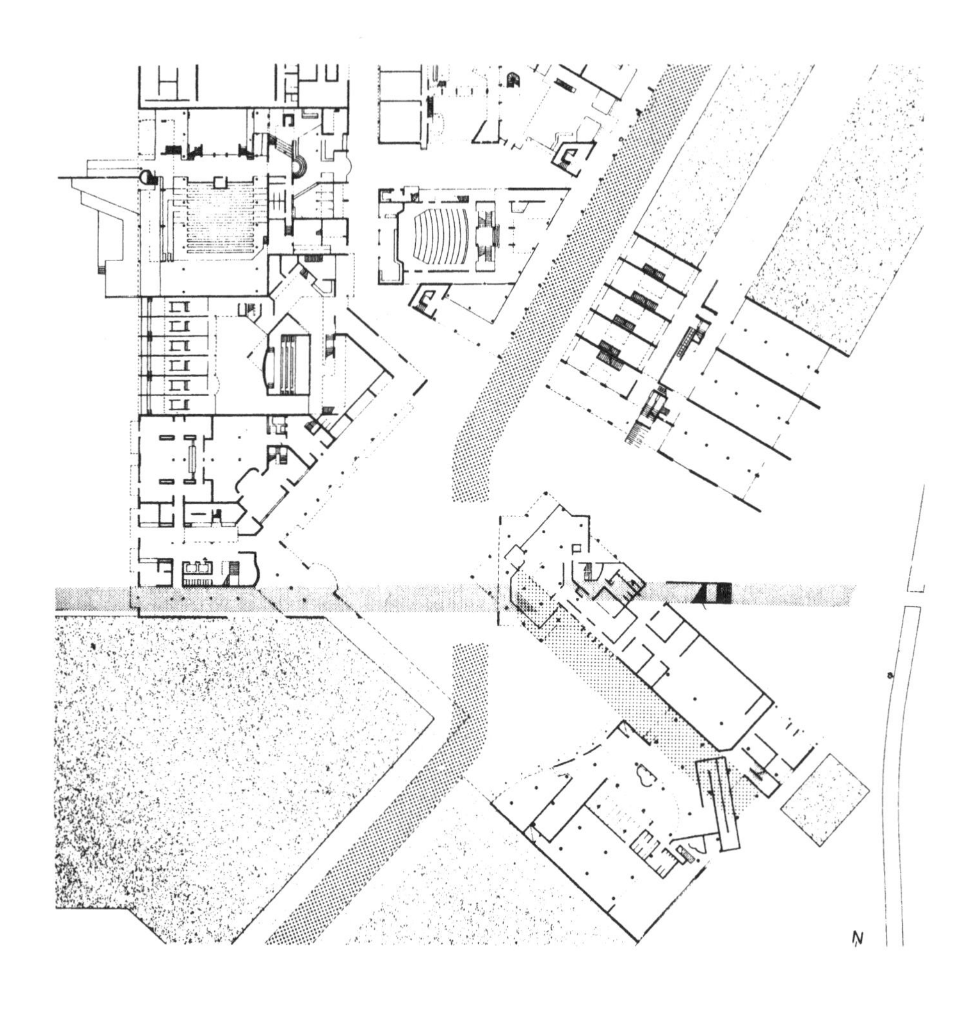

透明性作为城市脉络中建筑受到外部冲击的表现。*

* 霍伊斯里教授指导的学生方案，苏黎世联邦理工学院，1979 年。作者：汉斯 · 弗瑞（Hans Frei）。

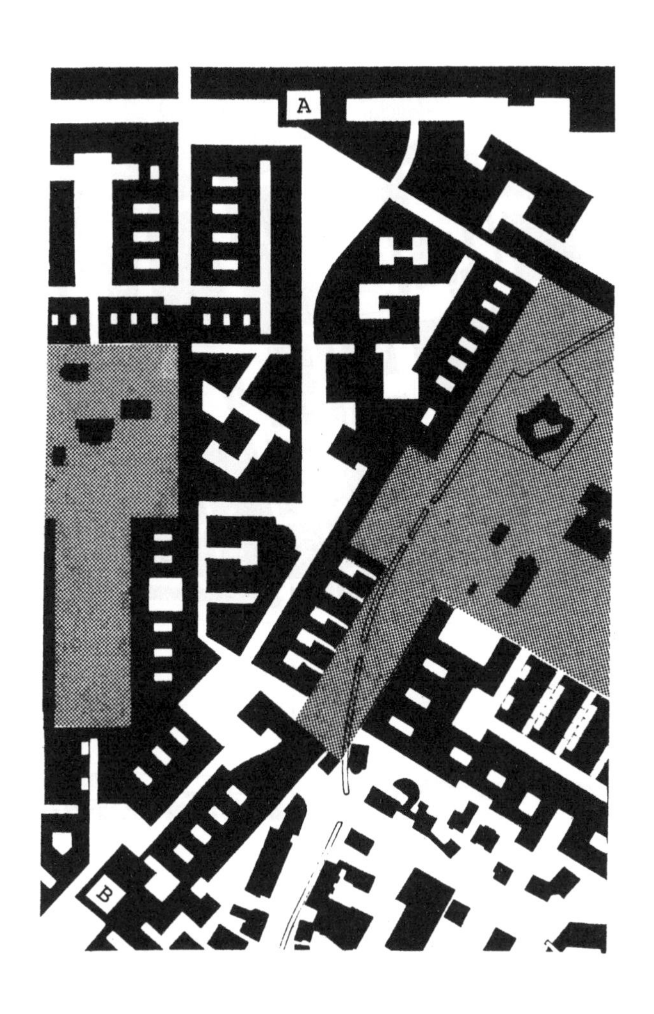

城市脉络中建筑的位置：是火车站A与行政中心B之间联系的一部分。

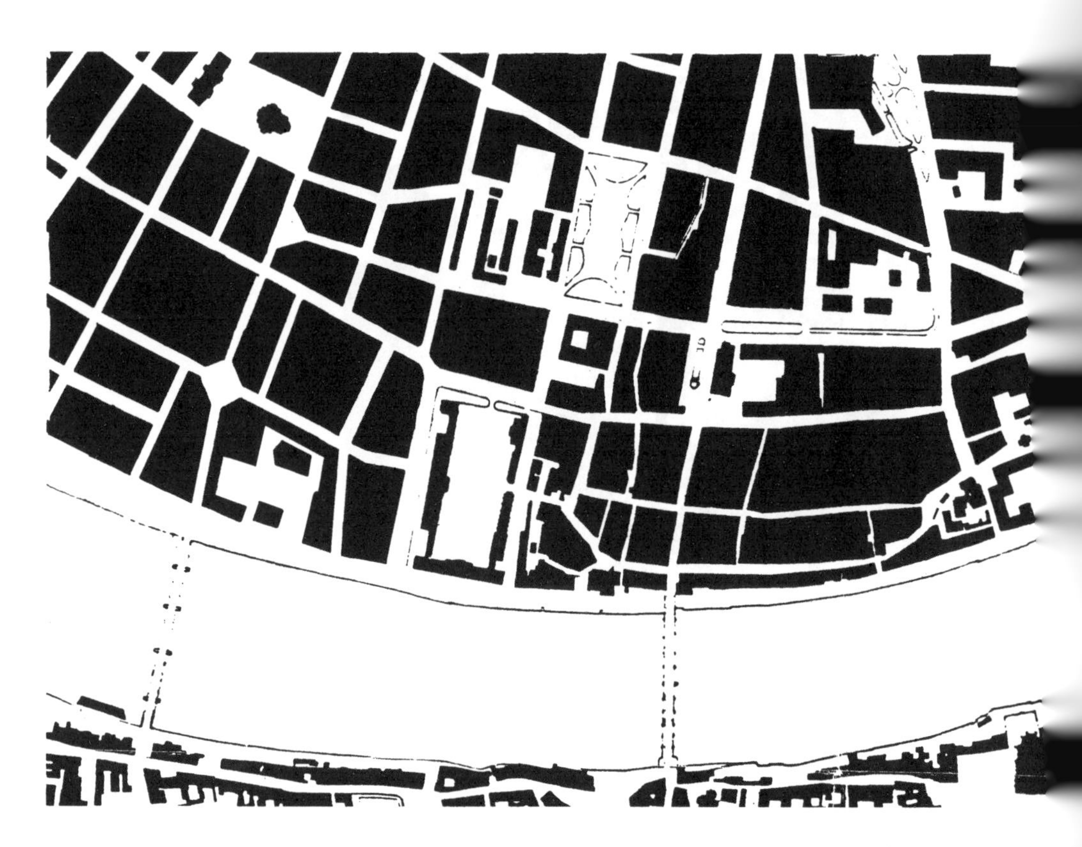

瑞士巴塞尔：位于小巴塞尔（Kleinbasel）和它19世纪加建部分连接部的军营，项目为原址上建设的城市住宅。*

透明性组织方式被用来指导城市网络的确定。通过使用两套方向系统，巴塞尔历史上的两个不同时期整合起来，并植入20世纪。方案也许有些太学术化、太自我。原则性把握较好，细节不足。

* 霍伊斯里教授指导的学生毕业设计方案，苏黎世联邦理工学院，1981 ～ 1982年。作者：威利·克莱德勒（Willy Kladler）。

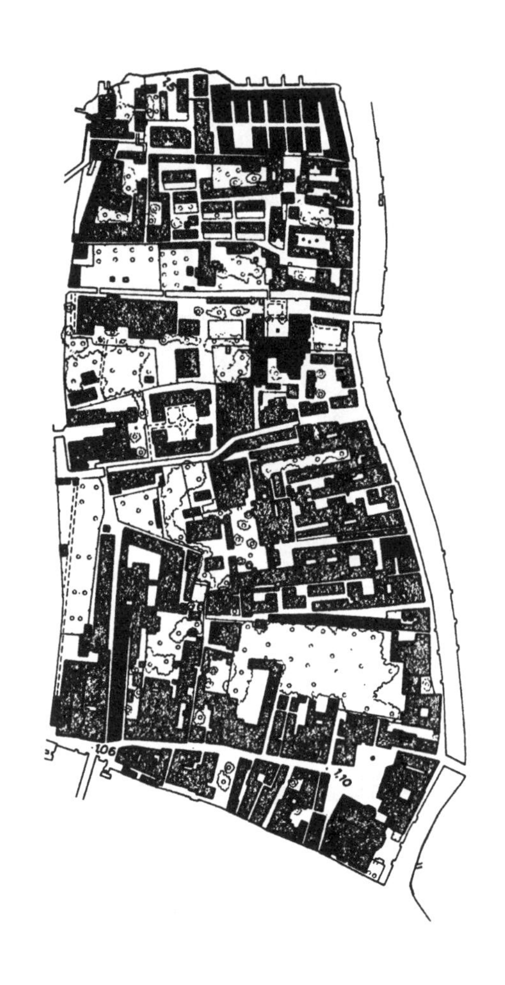

意大利威尼斯：城市开发项目方案，市场与展示区，1978年。* 重要地段：两片高级住宅区、一个广场、圣约伯教堂(Church of San Giobbe)、老屠宰场。

* 名为“Dieci Immagini per Venezia”的展览，1980年。霍伊斯里与助手，苏黎世联邦理工学院。

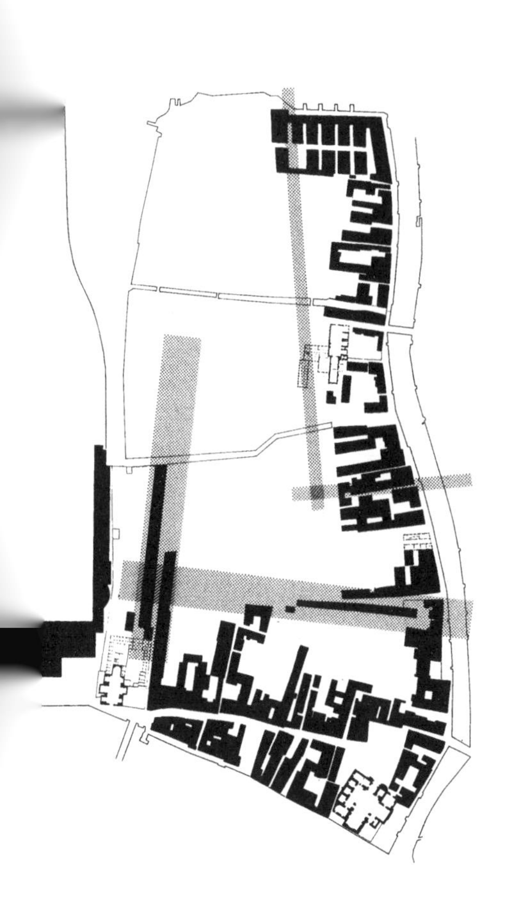

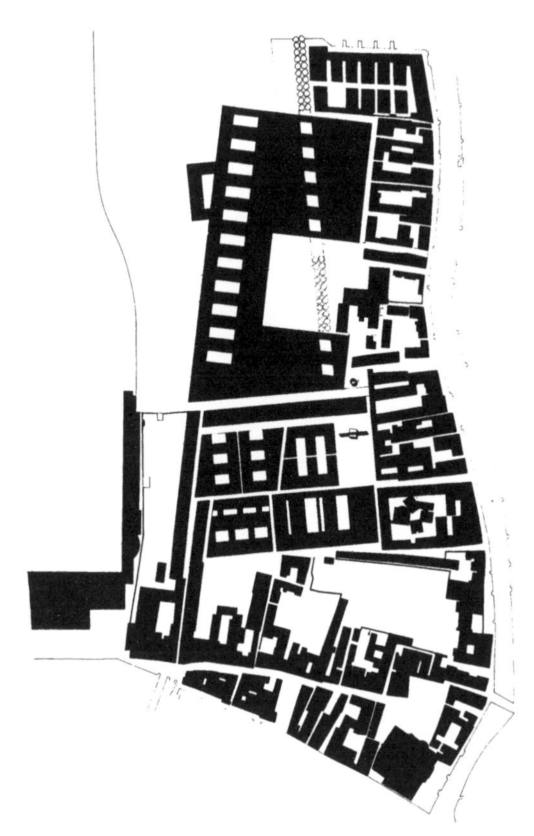

场地上必须保留的老房子。就几何形式而言，可以成为空间组织起点的两个方向。

透明的组织能够创造新的空间几何系统，使其将现存城市网络的碎片、新的建筑和散在的特殊元素全部兼收并蓄。

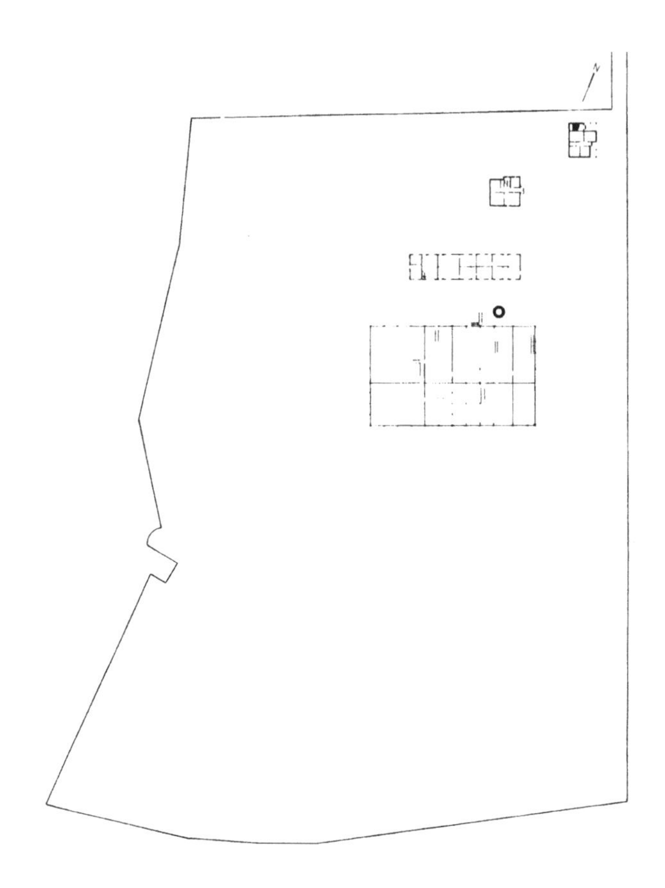

在一块废弃的制革厂的基地上，原有建筑的一部分需要保留下来，作为地标和历史纪念物，并被改造成文化会议中心的一部分，跟住宅和工作室一起成为本地艺术家及游客的居住、工作、会议和交流的空间场所。*

建筑师必须处理公共与私密的主题，通过个体和集体生活之间关系的处理方式表达自己的观点；他也必须通过体量和空间表达这种假想的关系。

在这两个方案中，提供给集体生活之用的空间——工作室、会议室和集会大

* 霍伊斯里教授指导的学生毕业设计方案，苏黎世联邦理工学院。1979 ~ 1980 年。作者：马歇尔·梅里(Marcel Meili)和法布里奇奥·盖勒拉 (Fabrizio Gellera)。

厅——被安排在旧建筑中，而艺术家的房间同他们的工作间组合在一起，安排在另一处单元住宅中，形成了一个类似住宅区的地带。

该方案是针对项目先期条件的完美解决；它将方案的两个部分并置在一起，好像工人住宅同工厂的关系。但是，如果我们假定它确实实现了个人同集体生活之间关系的新局面——不再是到城市中心区工作、到郊区生活的分离模式——那就是以一种天主教加尔都西会（Carthusian）修道院或某座城镇为原型。

如果我们认为这个设计遵循这样的原型，那么一个新的问题出现了：这些空间类型，公共的和私密的，为了集体和个人的用途而设计，它们如何能够既是联合的又是分离的；与此同时，为何旧有建筑和新加建的部分作为一个整体必须分开处理。

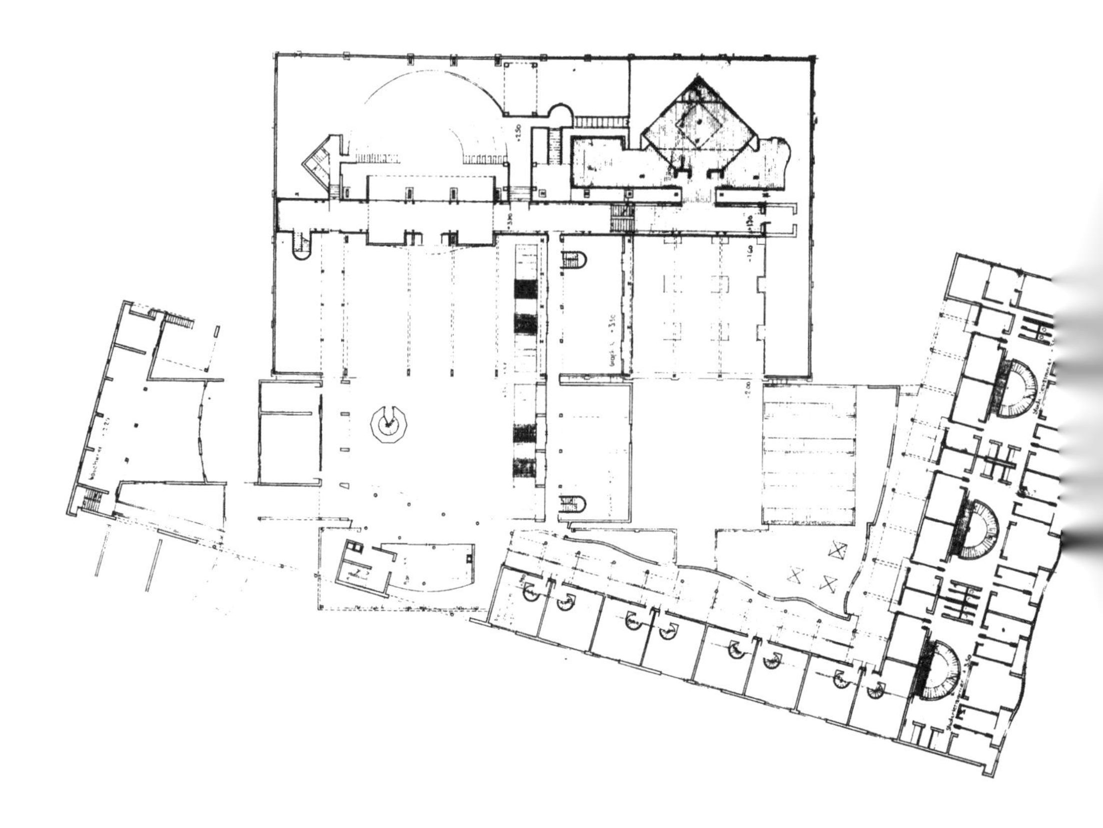

在这个方案中，个人生活与集体生活被想象为修道院一样的岛屿，内向，带有明确的边界。*

将为集体生活准备的空间分配到旧有厂房中，为个人生活准备的房间和工作间组织在一起，大体上是一个长方形和一个 L 形成一定角度结合在一起的图形，它们长边的不同方向生成了两套正交网格，对应着两种不同类型的空间——公共

* 霍伊斯里教授指导的学生毕业设计方案，苏黎世联邦理工学院。1979 ~ 1980 年。作者:R. 布鲁恩斯克腾（R. Brunschoten）和圣 · 卢塞克（St. Lucek）。

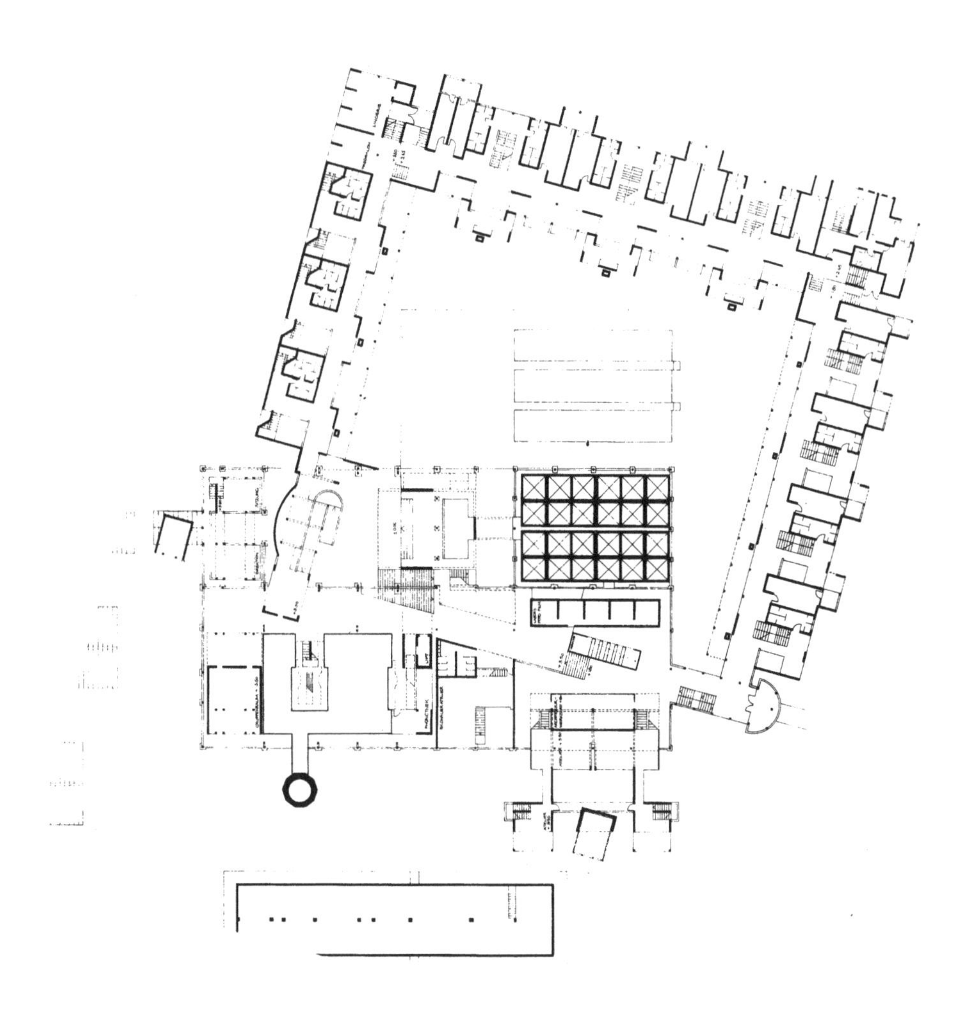

的与私人的，以及两种成分——新与旧。结合部是一个过渡空间，只是在入口大厅的节点部分才存在着一些透明性的组织。这样看来，整体在很大程度上仍旧是两个部分的简单并置，是两个部分主要元素的密集展现。

这个方案将整体布局构思为修道院一类的组织方式，属于个人生活的封闭世界，在这里，个人和集体的工作空间既分又合。个人居住单元和工作室的U形部分与旧厂房的加建部分成一定角度，旧厂房里安排集体活动空间。新与旧、公共与私密被安排进两个方向系统，并统一在工厂厂房的体量中。在这里，两种空间的结合变得触手可及，这有赖于透明性空间组织所带来的多重解读。

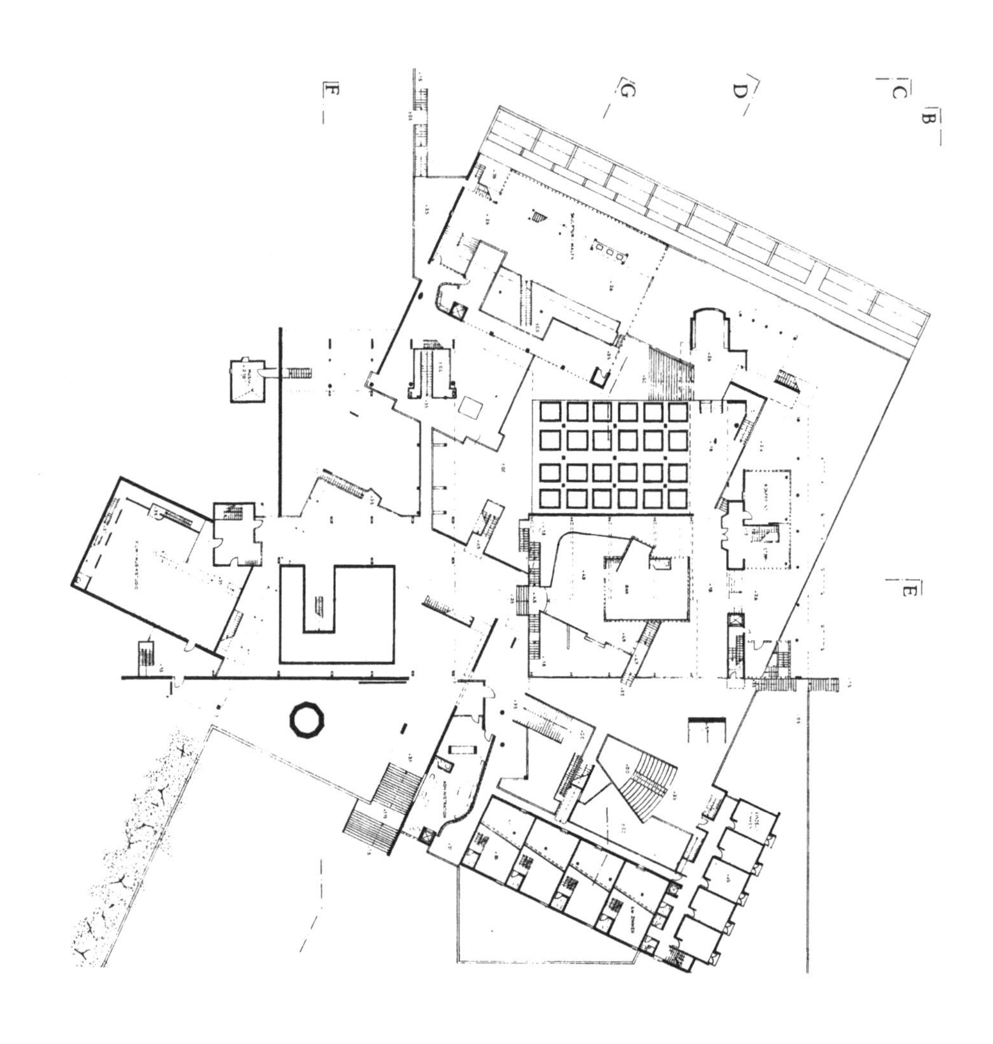

这第三个方案将文化中心的概念解释为城市脉络的一个部分或一个小城镇，其中生活与工作、公共与私密混淆在一起，你中有我，我中有你。*透明性的组织彻底贯彻：新与旧、公共与私密空间、集体与个人用途都不可分割地交织在一

* 霍伊斯里教授指导的学生毕业设计方案，苏黎世联邦理工学院。1979 ~ 1980 年。作者：M. 加仲贝克（M. Jarzombek）。

个多面的、丰富的建筑肌理中——而上述所有的含义都通过前述方案得以生成的两套正交网格系统来表达，也许属于这一套系统，也许属于那一套系统。意义和几何形体实现了统一。这个方案的实现说明了透明性形式－组织原则如何在一套复杂却组织清晰的系统中实现整合和分化，以及意义如何通过空间表达出来。

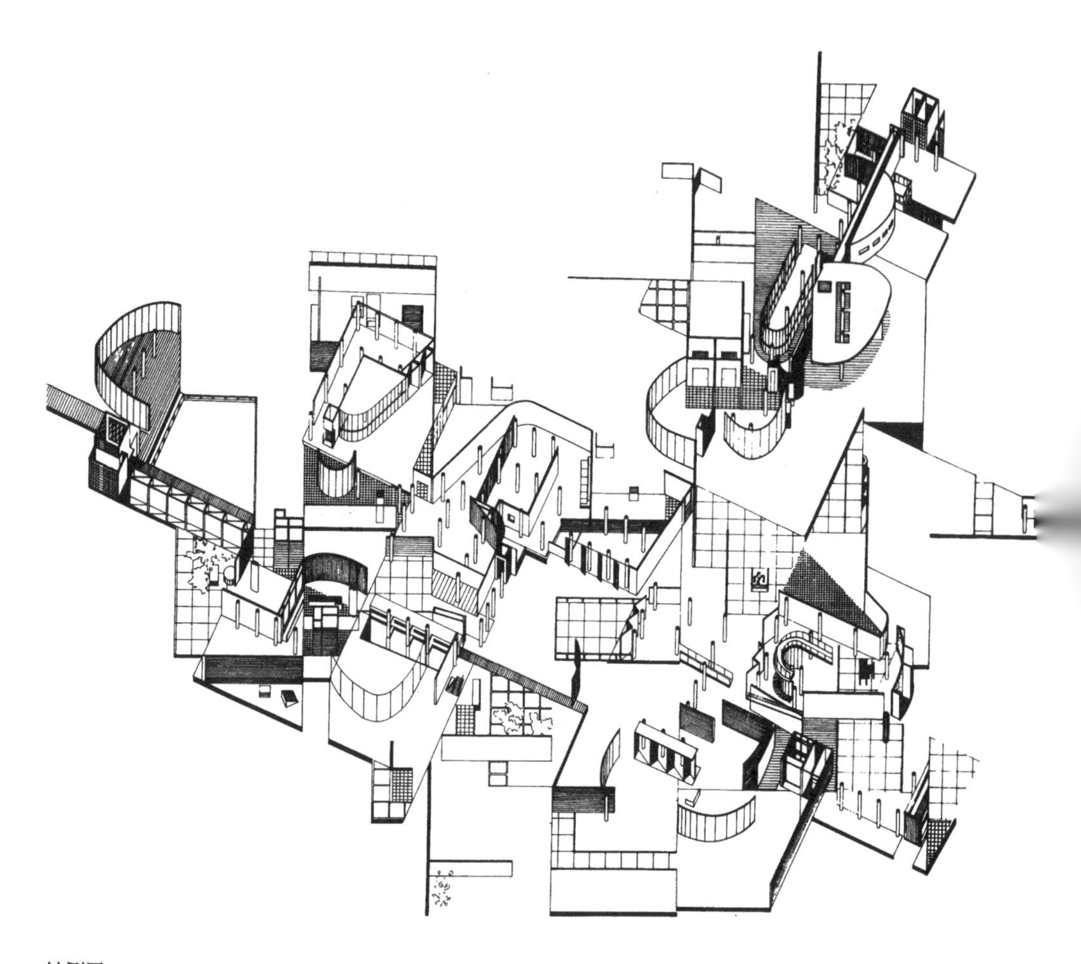

轴测图

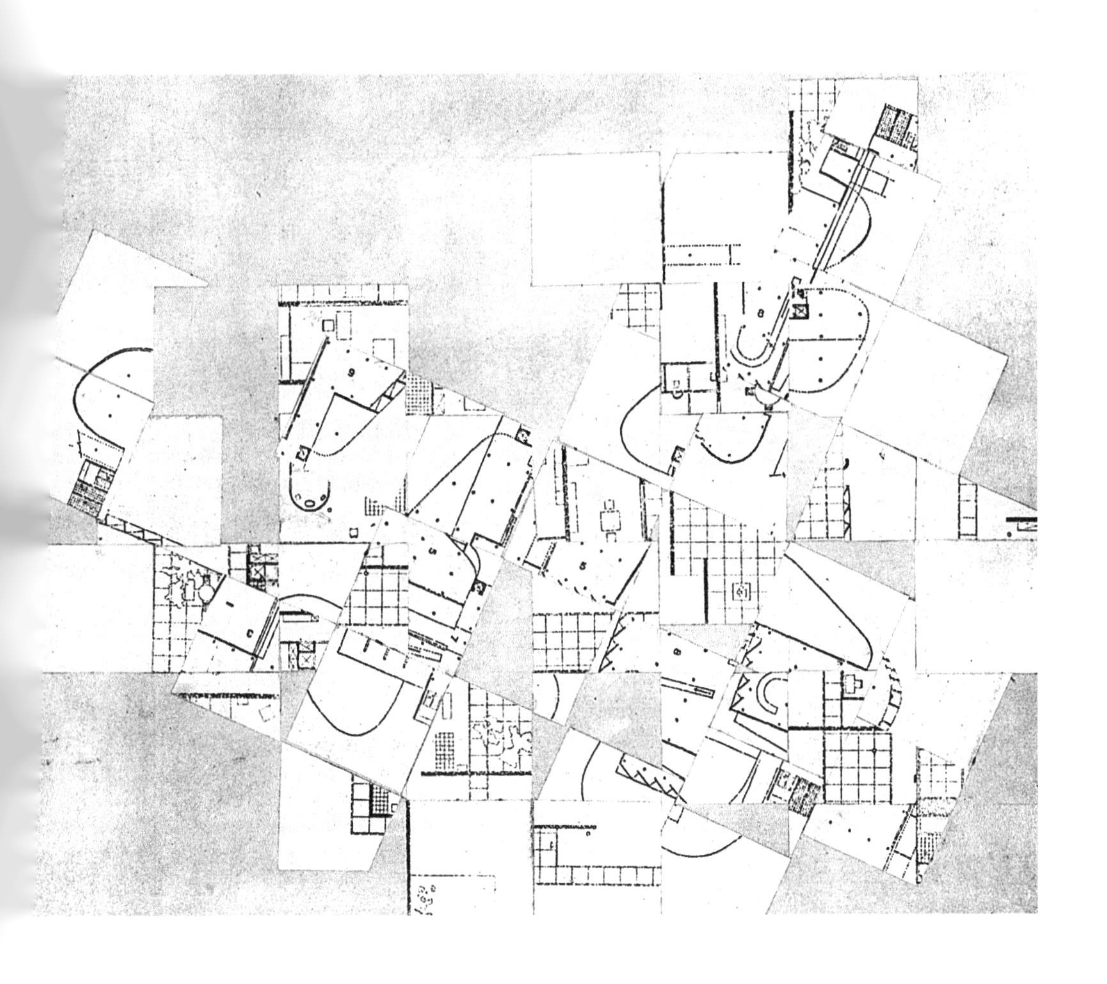

这张图被称为“拼贴”*，可以看作方案5的综合原型，当年在形式练习中完成。它说明了透明性形式－组织的优点：多重解读、统一中的复杂性、模糊与清晰、使用者通过选择和参与的介入、与几何体相关的真实意义。

* 建筑师的教育，展示目录，纽约库柏联盟建筑学院，1971年，第290页。

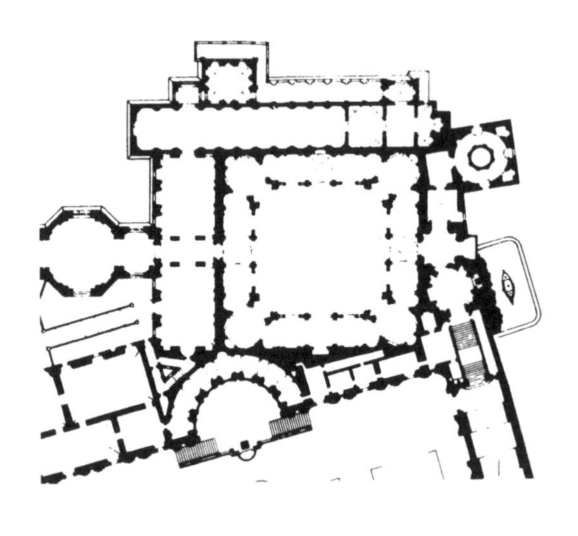

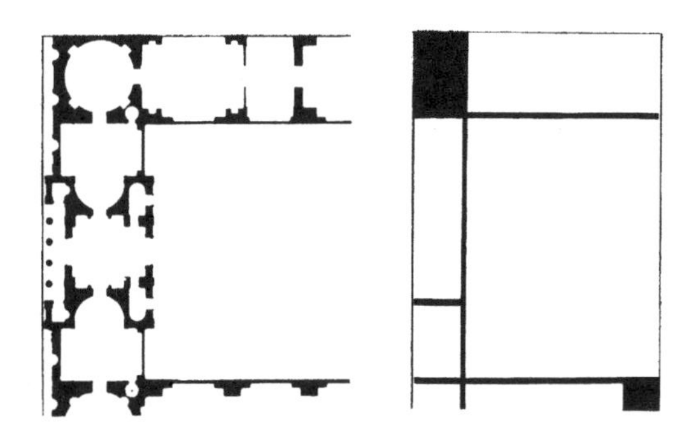

话说 Poché

Poché，从字面上看，就是黑疙瘩；平面或剖面中的一个部分涂成黑色，用来表示结构被剖开的切口，就好像一个大墨点。我们可以通过一个词组来熟悉这个起死回生的词，那就是“l'oeuf poché”，水煮蛋。如果我们把动词“pocher”与“la poche”，也就是“衣服口袋”连在一起，那么“pocher”的意思就是“装入口袋”，而过去分词“poché”就可以理解为装入口袋的东西、放进口袋的状态，对应的德文是 eingesackt。这样，poché 就可能是一个可以放入袋子中的理想的形状，被袋壁的织物或纸张包裹。在梵蒂冈花园那由方形、半圆形和其他理想形状组成的底层平面中，就有很多 poché 的标准范例。

如果我们将结构看作平面中释放了其围合的一小块空间的印记——非常类似于蒙德里安绘画中的“黑色线条”，看作所有白色和其他颜色色块植入后仅存的黑色底色——你可以认为这里的空间营造方式明确预示着建筑师对对象 - 形体的基本兴趣，并保留图形的理想形态。你可以体验每一个个别的空间，一次一个，体验完

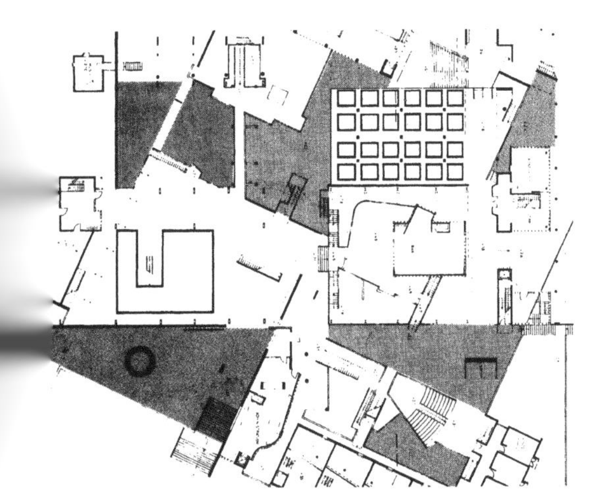

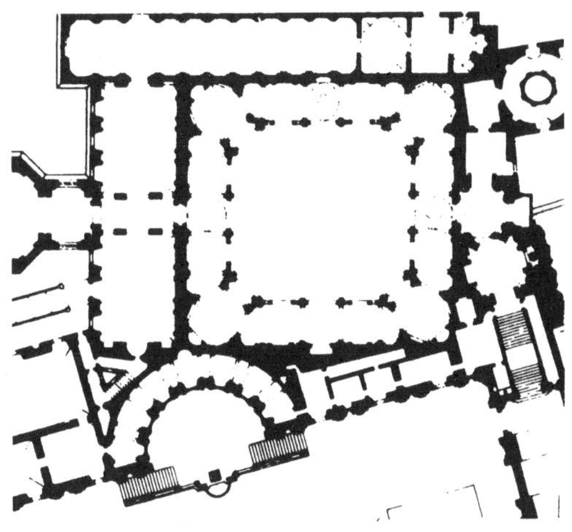

一个接着体验下一个。poché 就好像碎石墙中石头与砖块之间的灰泥抹缝。目光被其他地方吸引，在这里，也许更少有对整体的综合感觉。

整体往往依然存在，但所有局部的总和或至少对个别部位的关注超越了对整体的关注。整体与其说代表着“底”,不如说代表着“图”。一方面是对局部的感知；另一方面是对整体的直觉。poché 作为“关节”或看作“图”的枢纽部分，显然意味着连接两方毗邻图形的“中间部分”——恰如透明性实例中“同时属于两个或以上系统”的空间位置。二者之间撇开可能存在的尺度差异，一个在体量的范畴内发生作用，一个在空间的范畴内发生作用；我们认识到节点既可能是实体也可能是空间，既可能是实也可能是虚。

看起来，似乎透明性与 poché 通过相反的方式发生关联：在透明性形式－组织中，同时隶属于几个不同系统的是空间，正如在包含若干独立空间的复杂整体中 poché 作为“实”体量所扮演的角色。对于整体来说，它们的作用是等同的，正如实体和虚空对于连续空间的作用。poché 是物质的，透明性是空间的——尽管存在状态截然相反，二者却都表现出同样的作用。

译后记

“面壁”·“破壁”——关于《透明性》的延伸思考

《透明性》一书发明了很多概念。其中，“空间层化系统”为理解勒·柯布西耶的建筑提供了很好的视角。可是总觉得哪里不对劲。勒·柯布西耶本人会怎样看？到底是认知还是方法？演变成教学工具会不会有问题？拿来分析勒·柯布西耶后期的作品，为何无效？带着这样的疑问，本文离开文本，展开一些延伸思考。或许并无答案，但它促使我们反省“看空间”这件事。

刘勰写《文心雕龙》，似乎是在说：作家为文，精微的用心像巧匠的双手，文章会被雕琢成龙。可是文章是二维的文字序列，与龙何干？张彦远的《历代名画记》中载“画龙点睛”的故事，说张僧繇在安乐寺壁上画了4条龙，不画眼睛。“每云‘点睛即飞去’。人以为妄诞，固请点之。须臾，雷电破壁，两龙乘云腾去上天，二龙未点睛者见在。”[1]《透明性》的作者一再强调“隐喻”，是以文人之心和画家之眼来“看空间”，发挥想象力，使二维变三维。可我相信张彦远：假龙变真龙，先要“点睛破壁”。

内外

在《走向新建筑》（*Vers une Architecture*）中，勒·柯布西耶说：一切外部皆是内部（The exterior is always an interior）。[2]勒·柯布西耶这样描述庞贝广场（The Forum of Pompeii）：“有序布局是轴线所对目标的等级化，意图的分级。这个广场的平面包含着许多轴线，但它绝不能得到巴黎美术学院（Beaux-Arts）的哪怕一个三等奖，它会被拒之门外，它不是星形的！”[3]

勒·柯布西耶反对的不是“轴线”，而是缺少“目标的等级化”和“意图的分级”。[4] 他说：“所以建筑师要把目标赋予他的轴线。这些目标，是墙（实墙，可感的感觉）或光线、空间（可感的感觉）。”[5] 他为轴线分配的第一目标居然是“实墙”！他说这实墙是“可感”的，他没说的是：我们要穿破它，在它背后，是光线和空间。

勒·柯布西耶说：“实际上，像图板上平面图所表示的轴线，只有天上的鸟儿才能看到，而人是站在地面上向前看的……水平线总是跟你所感觉到的你所在的建筑物的朝向正交，一个正交观念在起作用……切不可把所有的建筑物全部都放在轴线上，那样它们就会像抢着说话的一些人”。[6]

17 ~ 19 世纪的英国园林，就是没有街区的星形广场。林荫道、轴线尽端的纪念物和放射状对景成就了现代巴黎，也成了新城市的俗套。到凯文·林奇（Kevin Lynch），“林荫道、广场和纪念碑”摇身一变，成了“道路、节点和标志物”。[7] 文明进化，感知退化。

勒·柯布西耶却让人去看古代的日常：庞贝的诺采住宅（Casa del Noce，图 1）和悲剧诗人住宅（The House of the Tragic Poet，图 2）。天井、内院，一重又一重，核心是“空”。“空”被“实”包裹，内与外在柱廊和天井间反复转换，这些拥有“内部”的空间单元，不是观念中实心的“点”，它们连缀起来，成了空间的“褶子”。[8]

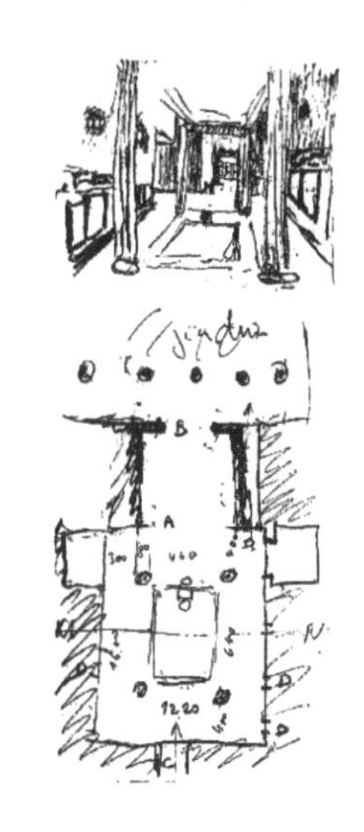

图 1　勒·柯布西耶旅行速写：诺采住宅，庞贝（约公元前 1 世纪）
来源：博奥席耶．勒·柯布西耶全集 第一卷 1910-1929 年．牛燕芳，程超 译．北京：中国建筑工业出版社，2005：14.

让这一切富有意义的，是轴线和序列。勒·柯布西耶说：“一切都在轴线上，但你在那儿却很难画出一条穿通的直线来……这里的轴线不是纯理论的枯燥无味的东西”，它的作用，是“把主要的、清楚的、互相区别的物体联系起来”，空间因此“井井有条，但感觉却十分丰富”。相反，“把东西放在房间中央会损害这房间，把纪念碑摆在广场正中，会损害广场和它周边的房子”。[9]

为什么不要向心汇聚的透视线和居中而设的

图 2　悲剧诗人住宅剖面，庞贝（约公元前 1 世纪）
来源：https：//www.periodpaper.com

视觉焦点？勒·柯布西耶说："事实上，人的眼睛在观察的时候总是要转动的，人也要像陀螺一样左转转右转转，他什么都看，被整个景观的重心吸引……处处都是分等分级。"[10] 放弃凝视的焦点，置身于广场和街道，亦如置身于天井或室内，四面周遭纷至沓来——一切外部皆是内部。

诺采住宅入口幽深，开在实墙上。置身市井，别有洞天。穿破墙壁，还是墙壁。墙壁之间，才是空间。为了感知深度，唯有穿破墙壁，进入"褶子"。在《透明性》一书中将其称为"浅空间"（shallow space）。

深度

深度是三维空间的属性。

空间与时间无限绵延。深度因人显现，人的感知是万物的原点。人用身体来感知"近"，用眼睛来感知"远"。视觉依赖距离，人们所谓的"远"，是身体向视线深处移动的时间累积：身体移动，远变成近，近变成远，深浅易位。所谓"远"

是想象身体向视线深处移动的抽象概念，是身体运动经验和视觉图像经验的复合效果。

古人说“山高水长”，是用身体丈量过山和水。只用眼看，山不必真高，水不必真长，都可以浓缩在一幅画中。画面是二维世界，可以描述山高水长，却不能进去。人从无深度的画面中感受深度，是受了再现技术和身体经验的联手蒙蔽。在现实世界中，身体不动，只用眼看，天地便如一幅画，或一张球面贴图。身体移动，走到哪里，哪里变成真三维，目力所及，依然是球面贴图。这就是虚拟现实的认知基础。天圆地方，斯之谓也？

视觉可以蒙蔽身体，理性可以蒙蔽感知，由是，人方能欣赏画作。画布是一张平面，平面如何表达深度？二维如何再现三维？人类为了解决这个问题，摸索了数千年，发展出各种视觉魔术。这些魔术就是再现技术。最直白的，就是焦点透视（focus perspective）。在《透明性》一书中将其称为“视错觉效应”。

再现

“再现”一词，《新华字典》里的解释是“将经验过的事物用艺术手段如实地表现出来”。这里有几个关键词：1. “经验过的事物”：在建筑学中，这就是眼体协同感知的三度空间，不管是一颗石子还是一座教堂，占据空间深度，与经验相符；2. “艺术手段”：就是再现的技术；3. “如实”：不多不少，如其所是。第一个关键词是对象，第二个是手段，第三个是目的。

“如实”，说来轻松，却包含一对悖论：客观世界是“实”，还是主体意识是“实”？众人眼里的世界是否相同？菲利波 · 布鲁内莱斯基（Filippo Brunelleschi）发明焦点透视，雄辩地证明视觉经验可以复制。从焦点（消失点）向八方连线，眼前所见是无数根虚拟的线，一边连着世间万物，一边连着无限深远：既是数学，也是感官；既是理知，也是经验。这不就是“如实”吗？原来空间深度，可以描述为向心汇聚的斜线，以及沿斜线急剧缩小的景物。在《透明性》一书中将其称为“对角线视点”（diagonal points of view）。

人们惊叹：再现的魔法终于被人掌握。科学透视法，仿佛是绘画的终点；照相机终将取而代之。人们热烈拥抱斜线制造的深度幻觉，它简明易懂，可以四处套用。古典主义的建筑和花园，是焦点透视的现实化。人们在现实中，复制了文艺复兴绘画中的城市和建筑。然而，古典主义不是古典，真实的古代世界不懂窗口视野，现实不是图画的转译。古时候，人们用身体和眼睛协同丈量世界，而后建造。尤哈尼·帕拉斯玛（Juhani Pallasmaa）管这叫“肌肤之目”（the eyes of the skin）。焦点透视让其他再现方案都不再“科学”，抹平了空间褶皱，将“深度”表达为线性的牵引和对视。

于是，勒·柯布西耶背上行囊，去寻找古代。与其说是寻找古代，不如说是用身体之眼丈量人们曾用身体之眼所建造的。

时间

人在运动中观看。身体突破纵深，目中景物转换，三维经验由此而生。空间经验的必要条件是时间。讨论科学透视法，不能忘了“焦平面”这个要素，其实它就是个窗口。科学透视法，很可能是古腾堡印刷术的副产品。横向翻阅的书本，每个页面都是一个小窗口。为了把三维世界拍扁后微缩进去，新的再现技术被召唤出来。

小时候有一种“动画书”，每页一帧画面，迅速翻动，人就动起来了。动画片和电影的原理一样，只是把书页换成投影。连续动作由单帧画面组成，感官被欺骗了。沿着这条路子，导演们发明了长镜头（full-length shot），是连续的时间；以及蒙太奇（Montage），是断裂时间的重组。日本的多格动漫书是拼贴画（collage），画面不动而目光移动，将场景连缀成情节。此三者，皆能扩展静态画面，逼近动态的空间经验，但依然是窗口视野。

看书、看电影，身体不动，头不动，与现实相反。新古典主义园林，凡尔赛宫，用现实景物模仿一页页的导览手册。时间必须流动起来，空间感受才真实。书页粘连、电影卡顿，观感极不舒服。星形广场，每个面向都像一幅标准透视图，就是现实世界中的卡顿。

中国园林的花窗是拼贴画，廊道是长镜头，门洞是蒙太奇。园林中有图画，也有身体之眼，就是对“移动的身体随时间流动穿破三维空间”的现实经验。工具常会锁定人的视野，透视法太好用，反过来塑造城市和建筑，世界都“一点透视”化了。让·鲍德里亚（Jean Baudrillard）管这叫“拟像化”(simulacrum)，拿来分析后工业社会。其实拟像化最好的实例就是新古典主义。

壁画、天穹画、书本、动画、电影、VR，都是再现技术。再现的目标就是动态的自然视觉，模拟“移动的身体随时间流动穿破三维空间”的现实经验。技术迭代，再好的再现手段，都不会一直主宰视野。

正面

为什么要模拟自然视觉？到目前为止，全部再现手段加起来，也不能在信息量上与真实的空间经验匹敌。透视法是窗口视野，对应的媒介是书本和画布，太有限了。马歇尔·麦克卢汉（Marshall McLuhan）说：媒介即是信息。[11] 建筑师的媒介是现实空间中的三维材料，如果被窗口框住，非常可惜。

很多建筑师却误以为媒介是图板。CAD 的“图纸空间”也是窗口，一个二维的投影面。正投影图是最早的数字化视觉。拿同一座建筑来说，立面与正面照片的区别在于取消了焦点和向心汇聚的透视线，是“正面”中的“正面”。正投影图是“观念”，要用第三只眼看。这只眼是天眼，是人的“知性之眼”。在《透明性》中，与“对角线视点”相对的就是“正面视点”(frontal viewpoint)，没有消失点，没有透视线，深度全靠想象。

《透明性》是教人用知性之眼来端端正正地看。打开这只眼，眼前就不只是事物本身，也有时空结构。这是“面壁”术，不是“破壁”术。

维度

《透明性》的写作，很可能是受到贡布里希（Sir E.H.Gombrich）的影响。贡布里希的“所知与所见”(what they knew / what they saw)，“所见”即是“如其所是”，准确呈现，“所知”是理性结合经验的认知图示。

《透明性》的写法，与贡布里希有相似之处：1. 避谈文化符号，与结构主义保持距离；2. 把艺术看成“知觉的形式化”，没有激情的位置；3. 喜谈“谱系”，学院派立场。

有一类艺术，专事记录“不可言说”的“感觉”，用以上的理论体系难以作出解释。比如杰克逊·波洛克（Jackson Pollock，图 3）、罗伯特·马瑟韦尔（Robert Motherwell）的画，未曾遵循“图示”，也缺乏逻辑结构，兴之所至，一任挥洒。如果说写实主义模仿空间深度、立体主义和新造型主义暗示空间深度，是否可以说，抽象表现主义消灭空间深度？[12]

图 3 杰克逊·波洛克，《One-Number 31》，1950 年，纽约现代艺术博物馆 (MoMA) 藏
来源：https://www.moma.org/collection/works/78386

答案蕴含在书法中（图 4）。它记录了身体的连续运动。毛笔尖有个弹性范围，手指施加了方向性的力，肢体运动造成了势，书法表现的不是具象事物，而是空间运动和情感。楷书的连续运动，部分在纸面，部分在空中，叫“乱马入阵”，空中的运动反映在起笔和收笔的墨痕中，“移动的身体随时间流动穿破三维空间”的过程，被完整地记录下来。这里有没有结构呢？“书体”充当图示，笔尖平衡运动搭建框架，速度和力度表达情感。书法其实也是用二维记录三维的艺术，但它摒弃了再现，本身可以是符号，形式和内容都直接关联文化史，也关联日常生活。抽象表现主义可以看作书法或泼墨山水的去表意化。

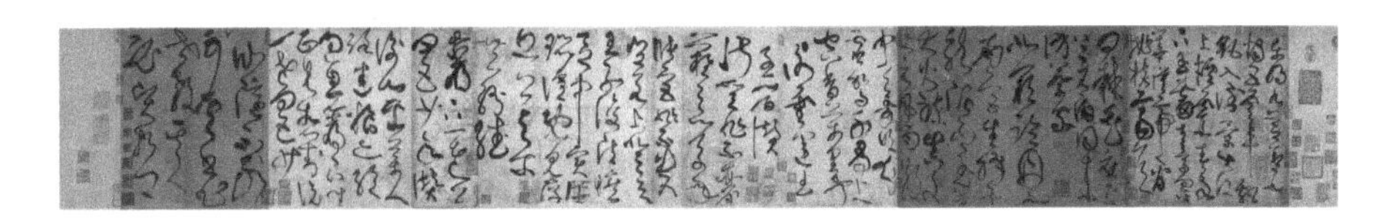

图 4　张旭，草书《古诗四帖》，五色笺墨笔，手卷，辽宁省博物馆藏
来源：故宫博物院 . 张旭《古诗四帖》. 北京：故宫出版社，2019.

综上，无论客观再现、理性暗示还是感性记录，都关联于时空经验，用二维模拟三维，各有短长。以《透明性》的视角，皮特 · 蒙德里安（Piet Mondrian）克制的画面仅留下平涂色块和正交线条，是正面性的极致，也免不掉维度游戏和身体的观念性介入。[13] 写作也是如此。文字如同思维在纸上做线性的二维展开；然而，文章是有深层空间结构的，可以把它表达为思维导图，是层层累进、反复迂回、分而复合、前后照应、延绵不尽的，如同“小径分岔的花园”——三维拓扑的流动形态在平面上的线性投影。好文章浩浩渺渺如神龙出没，是以“文心”可以“雕龙”。艺术源于知觉，无法抽离物质而臻于纯观念。

身体

在《透明性》写作同期，勒 · 柯布西耶已从“抽象如画”变成“近体可感”。[14] 朗香教堂（Chapelle Notre-Dame-du-Haut de Ronchamp，1955 年）和拉图雷特修道院（Sainte Marie de La Tourette，1961 年）与前期作品不同：1. 抑制框架中的柱和面，使融入三维形体；2. 重视覆面的视觉冲击力；3. 刻画运动中的形体与光。《走向新建筑》中的古代原则复生了。

柯林 · 罗偏爱观念和图示，严格的艺术训练让他有机会看到圆厅别墅（Villa La Rotonda，1592 年）和萨伏依别墅（Villa Savoye，1931 年）的共性，塞尚和费尔南 · 莱热应该比亨利 · 马蒂斯（Henri Matisse）和让 · 杜布菲（Jean Dubuffet）更对他的胃口。“层化系统”的图示化特征，给“纽约五”（The New York Five）消费勒 · 柯布西耶创造了机会，却无法解释晚年的勒 · 柯布西耶。

吉尔·德勒兹（Gilles Deleuze）厌恶观念和图示，他说：拉图雷特修道院不仅是用光的典范，也是巴洛克的现代化身。[15] 德勒兹钟爱巴洛克和手法主义，不喜欢再现艺术。“所知”太学究，“所见”太肤浅。对他来说，艺术的终点是“所感”。他重视“分寸”（refrain of force）[16]，精细地展现感觉力，直接呈现为作品。这大概能解释晚年的勒·柯布西耶。

勒·柯布西耶是略去了“观看之眼”（再现），直接将“理知之心”与“操作之手”对接，柯林·罗只知其一和其二，不知其三。手是非线性工具，能运千钧之力，化为纸面上点滴墨迹，记录三维信息。中国画论中的“笔墨”和保罗·克利（Paul Klee）所说的“活线条”，就是在比理性和逻辑更深的地方，讨论人工与自然的契合。身体之思不可言说，以“操作之手”直接写进空间的肌体，变成建筑上的“皱纹和胎记”——“充满诚意的双手之下几笔无意识的涂鸦”（让·杜布菲）。[17] 此时双手代表大自然。

图 5　拉图雷特修道院教堂祈祷室，里昂（1951 年）

在《走向新建筑》中，勒·柯布西耶说：“总之，在建筑景观里，一切景色元素都是根据它们的体积、比重、材料质地等这些很确定又很不相同的感觉的载体而起作用的”。[18] 除了“蓝色的天际线”，他没谈建筑自身的色彩。在拉图雷特修道院教堂的祈祷室，勒·柯布西耶创造了一个触感强烈的小环境（图 5）。暴露木模板痕迹的混凝土侧墙，一边是三维曲线，一边是两段折动的直线，第一段向内倾斜，第二段涂成浓烈的红色。人从较窄一侧进入，地面平缓抬升，右侧是 3 个一组的祈祷台，地坪和台阶都是立方体，大大小小，成两组序列。

祈祷台和地面是压光混凝土表面，左侧轴线也相应分两段，脚下是极粗糙的水洗石。右手边侧墙不到顶，蓝色顶棚一直延伸开去，上面3个大大的圆形采光天窗。沿轴线上望，台阶、地坪、祈祷台，一层层、一道道，全是不可见而可感的“层化空间”，横在眼前，推动身体走向纵深。这是“现象的透明性”的化境。

表面

《透明性》谈到包豪斯校舍（Bauhaus，1932年），把“材料的表面属性”当反面教材。谈加歇别墅（Villa Garche，or Villa Stein–de Monzie，1928年）时，却像讨论一个无厚度、无物质性的观念界面。通常做比较时，材料对材料、形式对形式，作者偏要拿图纸比照片，来贬低“感觉材料”，赞美“知性形式”，证明“现象的透明性”优于“字面的透明性”。

全书只有一处提及皮特·蒙德里安，但其影响无远弗届。作者批评罗伯特·德劳内（Robert Delaunay）“印象派的笔触”，剑指“操作之手”。印象派的笔触，就是莫奈（Claude Monet）用来刻画荷塘、梵高（Vincent van Gogh）用来描绘夜空的弹性线条，到塞尚演变为理性匀质的小块面。蒙德里安的平涂、正交框架和去中心化构图知性、客观。作者在文中一再否定的“自然主义”，指直观再现，也指直白抒情。他的理想就是蒙德里安的理想——让艺术脱离主观再现，成为自发自律。卡尔·波普尔（Karl Popper）以“不可证伪”排斥归纳法和经验事实，对艺术史影响深远。《透明性》的作者一面强调知觉，一面压制本能和情感，代之以高冷的“知性”，在这样的阐释中，勒·柯布西耶的作品不再完整。

勒·柯布西耶纯粹主义（Purism）时期的绘画（图6）：1. 不同于分析立体主义的时空拼贴，采取正轴测视点；2. 不同于风格派的抽象，有近乎完整的物像轮廓；3. 不同于抽象表现主义（Abstract Expressionism），采用色块平涂。但即使在纯粹主义的顶峰时期，画面依然有体量和压抑的热度，不像奥赞方的画面更接近立面平涂，清冷寂静（图7）。二人分道扬镳后，勒·柯布西耶迫不及待地回到1917年，即兴笔触、变轮廓线和视点拼贴一应俱来，画面粗糙、肉感、浓烈。

勒·柯布西耶的色彩也不抽象。他的多色系统，还有后来的“色彩键盘”（clavier

de couleurs)，都用矿物材料，唤起自然联想。褐色是砖墙，蓝色是天空和大海。色彩不能脱离物体和经验，它的作用之一就是让立面呈现“进退关系”。通过色彩编辑，二维界面成为三维物体。而这必须在运动中感知。勒 · 柯布西耶也从未强调“界面”的核心作用。晚近研究表明，纯粹主义时期的“白色住宅”其实都不是白色。

可以说，勒 · 柯布西耶的绘画和建筑一直与身体有关，与生命运动和感觉表现有关。

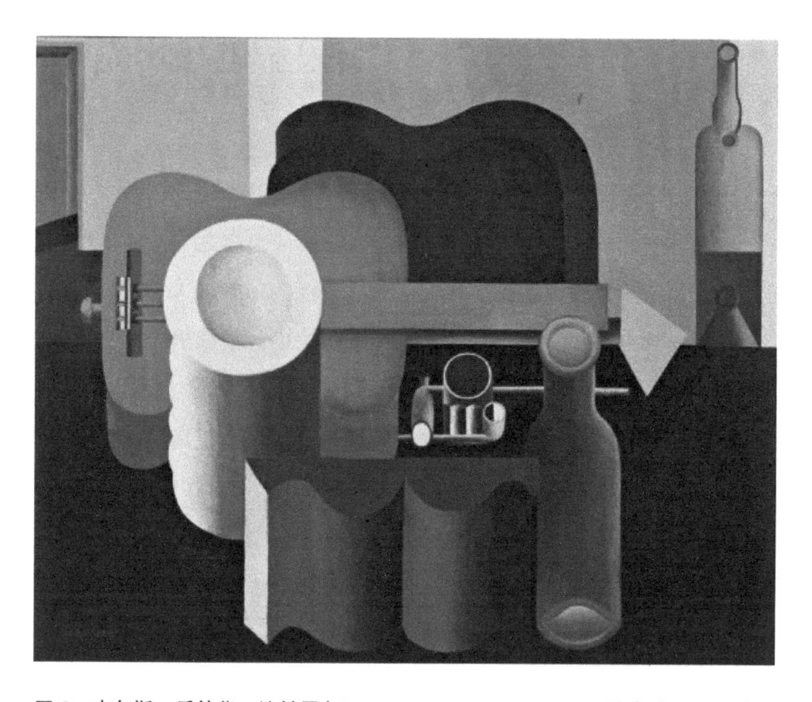

图 6　查尔斯 · 爱德华 · 让纳雷 (Charles Edouard Jeanneret, 勒·柯布西耶),《静物》(Still Life，1920 年)，纽约现代艺术博物馆 (MoMA) 藏

来　源：JORNOD Naima，JORNOD J–P K.Le Corbusier，Charles Edouard Jeanneret: Catalogue raisonné de l'oeuvre peint，vol.1.Milano: Skira，2005: 76–77.

图 7　奥赞方,《静物》(Nature Morte，1922~1925 年)，巴黎 Léonce Rosenberg 藏
来　源：https://www.mutualart.com/Artwork/Nature-morte--aux-bouteilles--verres-et-/DDAFE35D72898E31

现象

《透明性》用“现象的透明性”与“字面的透明性”相对。这里的“现象”(phenomenon) 一词，不是我们通常认为的“感知的对象”，用的是埃德蒙德 · 胡塞尔 (Edmund Husserl) 的定义。胡塞尔说 :“回到事物本身”。“现象”就是显现出来的东西。“事物本身”，一般认为是隐藏在表象背后的本质，而胡塞尔认为，本身就是本身，因为经验事实靠不住。比如看一个物体，先看各个侧面，再用大脑连起来，成为完整的形象。但胡塞尔说，必须摆脱这种直觉的、常识的看法，

因为知觉并不能以片段整合出真实。正确的方法，是凝神于具体现象，直观其本质，“万物静观皆自得”。这种方法就是“现象学还原”，从感觉经验回到纯粹现象。

《透明性》一书中对“自然主义”的否定态度，同样来自胡塞尔。胡塞尔现象学的一个核心观念是“本质直观”，这里本质不是纯观念，可以从直观中获得；而直观，就是先验地把握本质的能力，不是经验但不离经验。他延续康德(Immanuel Kant)，认为直观是理性，而不是知性或感性，它最高级。胡塞尔认为人的认识有两个层次，一个是自然思维，不去反思“认识”的可能性；另一个认为理性无所不能。两种都是错误的。在这种观念下，靠人的先验理性去直观事物现象中的本质，才是可能的。

《透明性》的案例研究，从塞尚的《圣维克多山》开始。19 世纪末艺术界的难题，是照相术已经这么厉害，画家还能做什么？梅洛－庞蒂（Maurice Merleau-Ponty）曾专门讨论“塞尚的困惑”。他说：“他的绘画是自相矛盾的：他追求真实（reality），却又不放弃感性的表面，除了对自然的第一印象外，他别无依赖，不追随轮廓，没有圈住色彩的边线，没有透视的或构图的安排。这就是埃米尔·伯纳德（Émile Bernard）所谓的‘塞尚的自杀’：以真实为目标，与此同时却拒绝使用任何手段”。[19] 从现象学的角度，塞尚给自己定下了世纪任务：用画笔对接事实本身，同时取消“再现”和“激情”。

严肃的艺术家因其使命感而格外困惑。阿尔贝托·贾科梅蒂（Alberto Giacometti）说：“有时候在咖啡馆，我注意到街道对面的人走过，看他们是那么的小，简直像微小的雕像，我发现这种情况非常的奇妙。对我而言，我已不可能将他们想象成事物的原形尺寸；在那种距离上，他们径直成为显现出来的现象。假如他们靠近过来，他们就变成了不同的人”。焦点透视的画法，并不关心画中物的绝对尺寸，只关心它在透视线中的位置，位置决定尺寸。人们早就习以为常，贾科梅蒂却抓住不放。[20] 于是他专门表现失去空间参照的人形。脱离空间，主体被重新看见。

塞尚《圣维克多山》的空间安排：1. 远山是平视，近景是俯视；2. 拉近远景，推远近景，远大近小；3. 光线融入笔触和个别物体。圣维克多山作为景物核心，虽远犹大；画家画的是“本质的山”，而不是“自然中的山”。范宽《溪山行旅图》

中的主山，也是一样的画法。[21]若按焦点透视，人站在地面上，近景和中景会充满视野，让主山显得渺小，反而不是现场所感。人眼中的物品尺寸，不都是由位置决定的。50毫米镜头最近于人眼，如果主体位于远景，照片中总觉得太小，正是这个道理。

按照这个思路，作为"现象"的加歇别墅立面就是"主山"，凝视下，在空间中浮现。

褶子

柯林·罗写《透明性》的时候，西哲们正忙着"反逻各斯"，咸与维新。[22]焦点透视的"焦点"，正是艺术史领域的"逻各斯"（logos），20世纪伊始，各艺术流派皆以消灭"焦点"为己任。勒·柯布西耶的形式语言，正是这次浪潮中的一滴水。

《透明性》的局限在其理论视角——过于强调静态的凝视之眼。文末，作者似觉不妥，补充了国联大厦的例子，将身体运动纳入。勒·柯布西耶则以拉图雷特修道院证明：空间张力与形式暗示无关，是轴线、目标、等级、意图、光线、表面、色彩和形体的综合作用，不能简化成一组平行界面。从1935年的周末度假别墅开始，建筑要素越来越雕塑化，越来越多非欧几何体，越来越强调触觉质感，也是对前期平面化倾向的修正。柯林·罗并未论及这一变化。

勒·柯布西耶说"一切外部皆是内部"，应与德勒兹所说的"褶子完全是外部的内部""内部与外部不再是固定不变的""褶子由内向外及由外向内的双向折叠和包裹中生成"一起讨论。[23]勒·柯布西耶说："建筑是一些体块在阳光下精巧的、正确的和辉煌的表演"的时候，反复提到"凸凹曲折"[24]，往往被理解为立面造型变化，其实更应视作整体布局的虚实变化。它并不是对矩阵的呈现，而是依托矩阵来编辑空间。《透明性》的作者讨论"空间矩阵"（Space Matrix）的时候，不谈节点也不谈连线，只谈点和线连成的面，让我们意识到，它并不匀质，不完全是笛卡尔的"三维直角坐标系"。

像伯纳德·屈米（Bernard Tschumi）在拉维莱特公园（Parc de la Villette，1983—1998年）中那样"字面性"地阐释空间的"去中心化"

(decentralization)，表达“延异”(differance)和“块茎”(rhizome)，无可避免地落入文字游戏。那些红色的“浮列”(folles)，恰恰证明了概念化的空间可以多么无聊。必须怀揣朝圣之心，脑中堆满概念，才能假装感动。这几乎跟当年巴黎美术学院对“轴线”的肤浅表达如出一辙。

在《走向新建筑》中，勒·柯布西耶从未夸大“空间矩阵”，或把它看作自明。矩阵或可为空间赋予秩序，本质上还是一种建造逻辑。逻辑不是感觉材料，勒·柯布西耶永远身体在线。

德勒兹的“褶子”(fold)观念来自戈特弗里德·莱布尼茨(Gottfried Leibniz)的“单子”(monad)。“单子”是莱布尼茨的“空间矩阵”。笛卡尔的直角坐标系，是三维阵列、直角正交、实心原子化，是外在的。莱布尼茨的“单子”是一个个囊样的“空心单元”，像“无门无窗”的房间，连接起来充满空间。德勒兹吸收了“单子”概念的“空心单元”，将其不断推开、关闭，再推开，形成了“褶子”般的空间。[25] 在这个思维模型中，物质不再是点，而是粘合物，是关系和连接。“褶子”是量子时代的思维模型，德勒兹的空间假说。

德勒兹认为，巴洛克建筑师无意再现三维物质世界，也没有让立面成为静态图案。他引用海因里希·沃尔夫林的话：“正是外表激烈的言语与内部宁静和平和两者之间的对比构成了巴洛克风格给予我们的最强烈的印象之一。”[26]

破壁

现代建筑师中，阿道夫·路斯(Adolf Loos)的作品其实有一种特殊的复杂。那些小房子，外部简单直接，内里错综丰富，对比强烈。房间由功能确定，作为基本单元，彼此碰撞、叠合、渗透，形成半独立的界面和洞口，以多向路径为轴线来组织。视线融合贯穿，加上物品系统的空间限定作用，引发日常活动，一边使用，一边体验，不是机械麻木的使用，也不是漫无目的的体验。内外关系是相对的，不依赖于理智的凝视。[27] 在勒·柯布西耶的建筑中，以拉图雷特修道院最为接近理想状态，所以德勒兹说它是巴洛克的现代化身。再往远看，诺采住宅、悲剧诗人住宅、北非或东亚的多进院落式房屋，还有它们连缀而成的城市空间，都比国联大厦有更多“褶子”。

真正的褶子绝不是“字面上”那种弯折的表皮和迷宫般的空间，它是：1. 空心的；2. 拓扑绵延的；3. 多中心的（而不是去中心化的）；4. 内向视野的；5. 满足功能标准，差序分级的。[28] 柯林 · 罗和罗伯特 · 斯拉茨基在勒 · 柯布西耶作品中发现的正面性，或许是勒 · 柯布西耶绘画与建筑实践的早期尝试，将二维的纸面空间、新兴的框架结构和漫游的身体经验结合在一起。当墙壁分割空间，本身作为图案暗示隐藏的结构；当洞口、插入体和孤立的物件强化或隐藏这种联系，人就会调动感官和知性，从凝视和运动中得到快感。二维和三维合一，静态视觉愉悦和动态身体愉悦一并实现。

静态视觉愉悦的历史基础，是不断迭代的绘画技术，用二维模拟三维，唤起空间经验。对角线视点是技术，正面视点也是技术；再现是技术，隐喻也是技术。每隔一段时期，人们就会被工具迷惑，忽略了对象和目的，像建筑师舍不得丢掉心爱的针管笔和鼠标。柯林 · 罗和罗伯特 · 斯拉茨基为何反复强调隐喻？因为感官所限，只能靠想象力突围。“面壁”的结果，是把建筑欣赏成了一幅画。

“建筑”与绘画或有相似之处，但“空间”绝不是一幅画。20 世纪 50 年代，勒·柯布西耶敲破了二次元的墙壁，在朗香教堂中直接雕刻三维的鳞爪。它那恍惚的身姿和刺目的鳞片，就是运动的肢体和操作的手，像徐渭和丁托列托（Tintoretto）那样，去除了再现和象征，去除了文艺复兴和古典主义的线性叙事，通过一个“感觉的聚合体”（a bloc of sensation），勾画着属于未来的空间图示。

每次破壁都是涅槃重生。据说塞尚在巴黎，天天跑博物馆面壁看画。前人的伟大作品，一定激起了他的雄心，该如何下笔，却茫无头绪。勒 · 柯布西耶嘲讽世人“视而不见之眼”，其实每个时代都有观念的铜墙铁壁。理性、直觉、经验、感知，你来我往，不断累加它的高度，唯真猛士能直面之。面壁十载，龙形渐成；一朝破壁，孰为点睛？

金秋野

2020 年 1 月 25 日

1 张彦远著，俞剑华注释，历代名画记，上海：上海人民出版社，1964 年，第 151 页。
2 勒 · 柯布西耶著，陈志华译 . 走向新建筑 . 西安：陕西师范大学出版社，2004 年，第 42 页。
3 勒 · 柯布西耶著，陈志华译 . 走向新建筑 . 西安：陕西师范大学出版社，2004 年，第 41 页。
4 "轴线可能是人间最早的现象，这是人类一切行为的方式……轴线是建筑中的秩序维护者。……在建筑中，轴线要有一个目标。在巴黎美术学院的人们忘记了这一点，那些轴线纵横交叉，形成放射结，所有的轴线都奔向无穷，奔向不确定、不可知、虚无，没有目标。学院里讲授的轴线是一剂成药的药方，一个诡计。" 勒 · 柯布西耶著，陈志华译 . 走向新建筑 . 西安：陕西师范大学出版社，2004 年，第 41 页。
5 勒 · 柯布西耶著，陈志华译 . 走向新建筑 . 西安：陕西师范大学出版社，2004 年，第 41 页。
6 勒 · 柯布西耶著，陈志华译 . 走向新建筑 . 西安：陕西师范大学出版社，2004 年，第 41 页。
7 凯文 · 林奇著 . 方益萍，何晓军译 . 城市意象 . 北京：华夏出版社，2001 年，第 35–36 页。
8 勒 · 柯布西耶著，陈志华译 . 走向新建筑 . 西安：陕西师范大学出版社，2004 年，第 40、42 页。
9 勒 · 柯布西耶著，陈志华译 . 走向新建筑 . 西安：陕西师范大学出版社，2004 年，第 42 页。
10 勒 · 柯布西耶著，陈志华译 . 走向新建筑 . 西安：陕西师范大学出版社，2004 年，第 42 页。
11 马歇尔 · 麦克卢汉著，何道宽译 . 理解媒介——论人的延伸 . 北京：商务印书馆，2000 年。第 33 页
12 贡布里希曾对书法和波洛克的画做过综合的解释，但并未从时间和空间角度给予令人信服的说明。参见贡布里希著 . 范景中译 . 艺术的故事 . 南宁：广西美术出版社，2008 年，第 603–604 页。
13 杨新华，冯原 . 捕捉"不可感"的感觉力量 . 文艺争鸣，2019 年第 6 期，第 204 页。
14 金秋野 . 莫诺尔——柯布西耶作品中的筒形拱母题和反地域性乡土建筑 . 建筑师 .2015 年第 10 期，第 67 页。
15 Gilles Deleuze.*The Fold：Leibniz and the Baroque*.London：The Athlone Press.1993：28.
16 原文翻译为"迭奏"，不妥。见德勒兹，加塔利著 . 姜宇辉译 . 资本主义与精神分裂（卷 2）：千高原 . 上海：上海书店出版社，2010 年，第 425 页。
17 C.M.Benton.*Le Corbusier and the Maisons Jaoul*.New York：Princeton Architectural Press.2009：34.
18 勒 · 柯布西耶著，陈志华译 . 走向新建筑 . 西安：陕西师范大学出版社，2004 年，第 34 页。

19 Merleau-Ponty. *The Merleau-Ponty Aesthetics Reader: Philosophy and Painting*, Evanston : Northwestern University Press, 1993 : 63.

20 杨身源、张弘昕编．西方画论辑要．南京：江苏美术出版社，1990 年，第 333 页。

21 参见韦羲关于中国古代全景山水画空间关系的讨论。韦羲．照夜白：山水、折叠、循环、拼贴、时空的诗学 · 北京：台海出版社，2017 年，第 53–56 页。

22 《透明性》完成于 1956 年。梅洛 – 庞蒂写《知觉现象学》(*Phénoménologie de la perception*，1945 年)，德里达写《书写与差异》(*L' écriture et la différence*，1967 年)，福柯写《词与物》(*Les mots et les choses*，1966 年)，德勒兹写《差异与重复》(*Différence et répétition*，1968 年)。

23 Gilles Deleuze. *The Fold : Leibniz and the Baroque*. London : The Athlone Press. 1993 : 27–31.

24 "从凹凸曲折，人们可以认出那造形者来；工程师躲开去了，雕刻家干了起来。凹凸曲折是建筑师的试金石；他用凹凸曲折把墙立起来：是不是一个造形者。建筑是一些体块在阳光下精巧的、正确的和辉煌的表演；凹凸曲折更加是，而且仅仅是一些体块在阳光下的精巧的、正确的和辉煌的表演"。勒 · 柯布西耶著，陈志华译．走向新建筑．西安：陕西师范大学出版社，2004 年，第 42 页。

25 张晨．德勒兹空间艺术理论研究．世界美术，2017 年第 2 期，第 98–106 页。

26 吉尔·德勒兹著．于奇志，杨洁译．福柯．褶子．长沙：湖南文艺出版社，2001 年，第 189 页。

27 金秋野．截取造化一爿山——阿道夫 · 路斯住宅设计的空间复杂性问题．建筑学报，2019 年第 9 期，第 110–117 页。

28 见勒 · 柯布西耶在《走向新建筑》的第二版序言。勒 · 柯布西耶著，陈志华译．走向新建筑．西安：陕西师范大学出版社，2004 年，第 2 页。

译者简介

金秋野：北京建筑大学教授

王又佳：北方工业大学教授